双筒望远镜观测指南

精准迅速定位天体的天文观测入门指南

〔加〕加里·塞罗尼克◎著　刘荣生◎译　谢　懿◎审订

北京科学技术出版社

著作权合同登记号　图字：01-2022-1483

图书在版编目（CIP）数据

双筒望远镜观测指南：精准迅速定位天体的天文观测入门指南 /（加）加里·塞罗尼克著；刘荣生译. -- 北京：北京科学技术出版社，2022.12
书名原文 : Binocular Highlights
ISBN 978-7-5714-2510-4

Ⅰ. ①双… Ⅱ. ①加… ②刘… Ⅲ. ①天文观测 – 普及读物 Ⅳ. ① P11-49

中国版本图书馆 CIP 数据核字 (2022) 第 148366 号

策划编辑：廖　艳
责任编辑：陶宇辰
责任校对：贾　荣
图文制作：天露霖文化
责任印制：李　茗
出 版 人：曾庆宇
出版发行：北京科学技术出版社
社　　址：北京西直门南大街 16 号
邮政编码：100035
ISBN 978-7-5714-2510-4

电　　话：0086-10-66135495（总编室）
　　　　　0086-10-66113227（发行部）
网　　址：www.bkydw.cn
印　　刷：北京捷迅佳彩印刷有限公司
开　　本：710 mm × 1000 mm　1/16
字　　数：110 千字
印　　张：8
版　　次：2022 年 12 月第 1 版
印　　次：2022 年 12 月第 1 次印刷

定　　价：89.00 元

目 录

1 序言

3 怎样选择双筒望远镜

15 12 月一次年 2 月

37 3 月—5 月

59 6 月—8 月

91 9 月—11 月

110 目标列表

藤井旭

序　言

七月。烤架中的煤块开始冷却，晚餐的香气仍飘溢在黄昏的温暖空气中。抬头一看，你注意到天空中高悬着一颗孤零零的星星，随后一颗又一颗星星相继出现了，不久越来越暗的天空中就布满了数不清的光点。也许这是你第一次注意到它们，也许你对这些星星就像对自家后院的鸟和树一样熟悉。对于容易被夜空的魅力感染的人来说，黄昏是个充满期待的“魔法时间”。如果星空激起了你的好奇心，这本书就是为你而准备的。

夜空中充满了奇观，有的精妙，有的壮丽，欣赏它们并不需要天文望远镜。在本书中你会看到对于各种有趣目标的说明和证认图，人们用双筒望远镜就能看到这些目标。这些目标既非用普通双筒望远镜可见目标中的最佳目标（虽然其中包含了许多最佳深空天体），又非全部目标。然而选入的目标都是有代表性的星团、星系、星云和双星，它们都是“双筒望远镜精华目标”。

“双筒望远镜精华目标”是《天空和望远镜》（*Sky & Telescope*）杂志中一个每月专栏的名字。专栏编辑会向读者介绍通常在天空条件不是特别好时用普通双筒望远镜也能看到的夜空奇观。每个月介绍的目标也为读者提供了一个从自家后院探索宇宙，并学习观测技巧的起点。学会观测是对许多个夜晚漫游于星座之间所付出的努力和耐心的回报，然而观星的乐趣不仅仅是找到天空中一些“宝藏”而带来的满足感。

每当看到宇宙美景，想象力被激发，我们就远离了日常事务，进入了浩瀚和冷寂的宇宙之中。凝视着一个年龄是我们居住的行星两倍的球状星团会使人谦卑；注视着一个凭日常阅历难以充分领会其巨大规模的星云，我们就被推到了理解力的极限；观看一个光需要行进千万年才能在一个夜晚到达我们眼睛的星系就会颠覆我们的时空观。然而，正如法国艺术史学家、作家马尔罗（André Malraux）所指出的：“最不可思议的不是我们被随便扔到群星及万物中，而是在这个囚笼中我们能画出自己的形象，它足以否定我们的虚无。”

带上这本书和双筒望远镜，在暮光中出发，开启你的探索之旅，充满奇观的宇宙在等着你。

加里·塞罗尼克（Gary Seronik）

几乎所有人都会把观星同天文望远镜相联系，但即使是最富有经验的后院天文学家也会有双筒望远镜。为什么呢？一个原因是就快速观看天空而言，没有比使用双筒望远镜更简单的了，几乎不需要准备的时间。双筒望远镜的另一个魅力在于它通常比天文望远镜能容纳更广阔的天空。在大视野观察上双筒望远镜无可匹敌，有许多大目标需要使用双筒望远镜才能获得最佳观感。一架较好的双筒望远镜比一架真正入门级的天文望远镜便宜得多，低廉的价格使双筒望远镜对新手而言更具有吸引力。此外，天文望远镜成像或是上下颠倒，或是左右颠倒，而双筒望远镜中成像的方向与真实世界一致，这意味着肉眼观察与用望远镜观察之间的切换会相对容易。

也许你已经有了双筒望远镜，即使它 10 年前就尘封在壁橱的深处，即使它的光学质量并非顶尖，但你用它依然能比用肉眼看到更多的东西。虽说如此，必定有一些双筒望远镜是特别适合观星的。

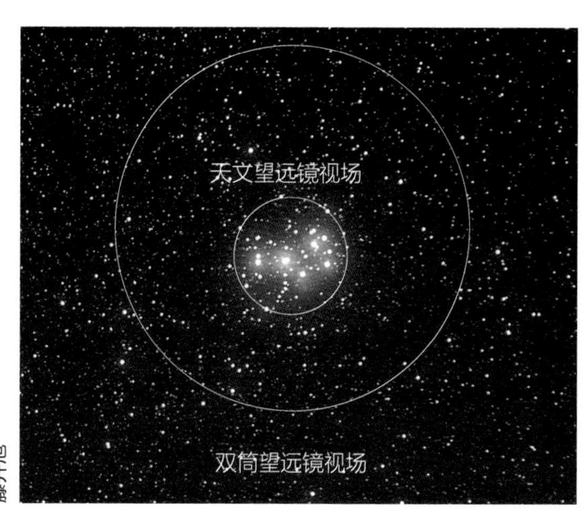

藤井旭

相比于天文望远镜，双筒望远镜的一个优势是能够观看更广阔的天空。模拟图中可以看到 10×50 双筒望远镜中的昴星团要比典型天文望远镜低倍下动人得多

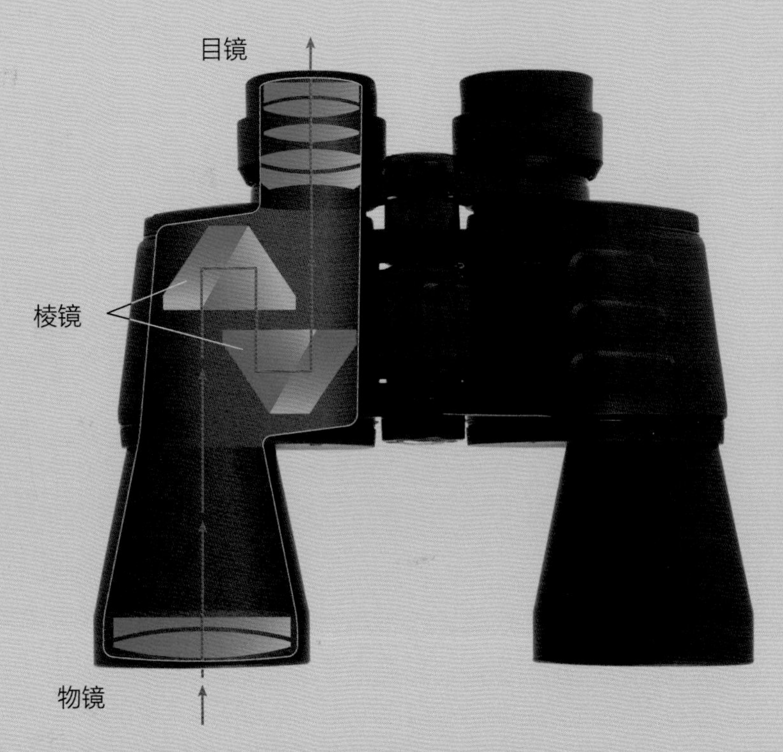

双筒望远镜由两套完全相同的光学系统组成，每套包含一组物镜、一组内部棱镜和一组目镜。物镜收集光，棱镜将光导入目镜，目镜将物镜成的像放大

解析参数

双筒望远镜的主要特性仅需要两个参数来表述：放大倍率和两个前端透镜（称作物镜）的直径。几乎所有双筒望远镜都把这两个信息印在靠近目镜的地方，通常你会看到 7 × 50、8 × 40 或类似的两个数字。第一个数字是放大倍率，即和肉眼相比拉近物体的能力；第二个数字是用毫米表示的物镜直径。例如，10 × 50 代表双筒望远镜可以放大 10 倍，即物体的距离会显得只有实际距离的 1/10，物镜直径为 50 毫米。

大多数双筒望远镜也会标记第二组数字来描述视场的大小，如你可能会看到类似“367 ft/1 000 yds”的标记，这意味着如果你看 1 000 码（914.4 米）外的大楼，会看到它 367

参数

理解双筒望远镜上标记的参数有助于评估其有多适合观测

英尺（约 111.86 米）高、367 英尺宽的部分。但是天文上的距离往往是几十亿至几万亿英里[1]，所以这个信息必须转换成另一种度量标准才有意义。

天文学家们用度（°）来测量天空中的角距离。从地平线到头顶正上方的天顶是 90°，伸开手臂时看拳头大致是 10°，月亮角直径大约是 0.5°。只需将“ft/1 000 yds”前面的数字除以 52.4 即可得到视场角度，所以例子中双筒望远镜的视场角度是 367 ÷ 52.4 = 7°。如果你的双筒望远镜使用公制单位，如“112 meters at 1 000 meters”，将 112 除以 16 即可。

做出选择

望远镜的倍率与口径怎样组合后用在天文观测上最好呢？简短的答案是 10 × 50。

下面是具体的答案。通常口径越大就能汇集越多的光，集光是双筒望远镜功能的一个重要部分，所以相比 35 毫米的双筒望远镜，50 毫米的通常是更好的选择。那么，如果是越大越好，为什么不买 70 毫米甚至 100 毫米的双筒望远镜呢？因为沉重的大双筒望远镜使人难以使用，而且视场大小通常受到限制。多年的观星经验（以及其他许多人）告诉我，50 毫米的双筒望远镜处于性能与易用性之间的最佳平衡点。

谈到理想的倍率情况有些复杂。通常在低倍率的双筒望远镜中可以展现更大的天空范围，这意味着你也会更容易找到目标。

① 1 英里＝1.609 344 千米。——译者注

权衡参数

你可以用倍率和口径一起来估计不同双筒望远镜间的相对性能，简单相乘就可以。这样10×50双筒望远镜的性能得分是500，8×40的得分只有320，所以10×50双筒望远镜的观看效果会更好。毕晓普（Roy Bishop）最早在加拿大皇家天文学会观星者手册中提出了这个评估双筒望远镜性能的方法，我也同意这个方法。重点是倍率和口径是相关联的，并不是要挑选口径最大的或倍率最高的双筒望远镜。

然而，大多数你想看的目标在高倍率下会更加显眼，并呈现更多细节。那么为什么不用15倍或20倍的双筒望远镜呢？因为随着倍率的增加，视场会缩小，直至想将双筒望远镜对准天空中的某一处也会成为严峻挑战。倍率的增加同样会使手持双筒望远镜保持稳定变得更难。综合考虑，10倍看来是双筒望远镜用于天文观测的最佳倍率。

其他特性

你到照相机店浏览双筒望远镜或看网上的双筒望远镜广告时会接触到大量的特性参数，其中很多可以忽略，但如果具备某些特性则会是不错的选择。

三脚架接口。它是一个可与双筒望远镜直角转接头连接的螺纹接口，通常位于双筒望远镜前面的一个塑料盖下方。转接头可以连接到标准照相机的三脚架上，这样你就可以轻松地将双筒望远镜安装到三脚架或其他支架上进行更稳定的观看。

中央调焦。双筒望远镜有两种调焦设计——中央调焦（最常见）和独立目镜调焦。中央调焦是靠转动位于两个目镜间的旋钮来对双筒望远镜的两筒同时调焦，这种设计有利于快速调焦且易用。

虽然独立目镜调焦在机械上更简单，通常也更结实，但每次只能对一个目镜调焦，还是选择中央调焦吧。

另外，有些东西并不重要（或至少通常不值得花额外的钱去购买）。

屋脊棱镜与保罗（porro）棱镜。两种设计都可以制造出高质量的双筒望远镜，并非一种更优于另一种，尽管屋脊棱镜双筒望远镜更贵[1]。另外，没有相位膜的屋脊棱镜双筒望远镜通常成像较暗、反差低，最好不要购买。

BK7 棱镜与 BaK4 棱镜。这两个术语指的是双筒望远镜内部棱镜用的两种光学玻璃。虽然 BaK4 棱镜可能会有更好的性能，但性能提升通常很小。

大双筒望远镜。口径 70 毫米及以上的双筒望远镜无疑会有令人惊奇的观看效果，即使如此，我也必须承认并不喜欢它们。

如图所示，用一个直角转接头能很容易将双筒望远镜接在照相机三脚架上。许多双筒望远镜有 1/4-20 螺纹接口（通常藏在塑料盖下方）与转接头相连

① 屋脊棱镜双筒望远镜的优点在于更便于携带。——译者注

虽然在大双筒望远镜中可看到令人赞叹的美景，但其要求有结实的支架和重型三脚架支撑

我曾有过几架大双筒望远镜，但总是弃之不用。它们较小的视场，以及支好所需的重型三脚架和支架所带来的不便完全抵消了其优点。如果要我使用那么多的设备而得到只有 3° 或更小的视场，我会选择天文望远镜。

双筒望远镜的光学性能：好的、差的、丑陋的

观星对双筒望远镜光学性能的要求最高，没有什么能像一片星空那样使双筒望远镜光学性能上的毛病突显出来。在观鸟或其他日间活动中表现良好的双筒望远镜可能会在夜间观星时表现不佳。那么，如何挑选光学性能优良的双筒望远镜呢？最好的方法是在购买之前测试，如果你进行了以下两个简单的测试，就可以避免出现最严重的问题。

测试清晰度。将一颗恒星（如果是在白天测试，也可以用远处电线杆上反射阳光的电极绝缘体）置于视场中心，将双筒望远镜精确对焦，然后慢慢将恒星（或反射阳光的光点）移动到视场边缘。此时恒星依然是尖锐的点状还是模糊不清？大多数双筒望远镜在很接近视场边缘的部分不会呈现尖锐的星点像，但好的双筒望远镜会在视场的大部分区域保持尖锐的星点像。差的双筒望远镜仅在很靠近视场中心处成像尖锐，有的甚至在那里也不尖锐。

测试光轴。为了避免眼睛疲劳（可能导致头痛），双筒望远

镜两筒的光轴需要平行。将双筒望远镜安装到三脚架上，或者固定在梯子或其他稳定的平台上，将其对准远处的建筑（至少要隔几个楼群那么远，越远越好），调好焦。现在只看右筒，注意目标在水平（左右）方向相对视场边缘在什么位置，然后只看左筒进行比较，相对视场边缘的一切都在同样的位置上吗？然后注意目标在垂直（上下）方向上的位置，分别用两个筒看，结果一样吗？任何左右两筒之间成像位置有明显不同的双筒望远镜都是不合格的。当然，还有其他许多因素可以区分好的与更好的双筒望远镜的优劣，但是只要光轴平行、视场大部分区域成像尖锐，就至少是可用的。

廉价双筒望远镜的诱惑

我曾经在电子产品零售店用 30 美元买了一架完全可用的 10×50 双筒望远镜，说明如果仔细挑选，就可以用相对少的钱买到性价比更好的双筒望远镜。那么，如果花 10 倍的钱，可以买到什么呢？在实际观看效果上可能不会有你所期待的大幅提升。更贵的双筒望远镜确实光学性能更好，能使更多的光进入眼睛，成像更尖锐，但与便宜的合格双筒望远镜的差别并不太大。

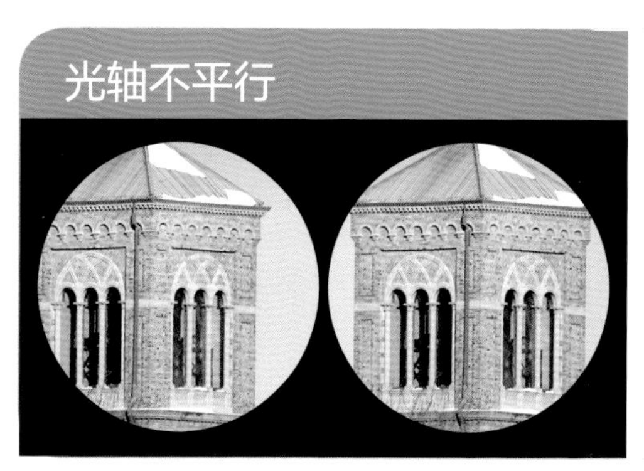

比较双筒望远镜左右两筒中的图像，看图像是否移位可以快速检查双筒望远镜光轴是否平行。在这对图像中你会看到房子呈现水平移位，说明存在严重问题

用更多的钱买到的是较高的机械质量。昂贵的双筒望远镜能承受使用中无法避免的碰撞与敲击，其调焦系统也更精确、可靠。

稳固支撑：双筒望远镜的支架

在观看时稳固支撑双筒望远镜与双筒望远镜本身的质量同样重要，在抖动中观看会使你不能看到本应能看到的东西。双筒望远镜的重量和倍率是决定能稳定观看的最重要的两个因素。沉重的双筒望远镜会使肌肉更加用力，抖动也就更大，倍率越高则抖动越明显。即使是普通的 10×50 双筒望远镜也定会得益于某种支撑，以下是一些建议。

双筒望远镜爱好者阿德勒（Alan Adler）推荐用这种优雅而便宜的方法来稳定放置双筒望远镜，即在照相机单脚架顶端接上一块木头［图中是6英寸(15.24厘米)长的半圆形木头］，双筒望远镜放在木头上

椅子。无论使用哪种椅子都要比什么也没有强。椅子不仅会使你更加舒适，也能够使你坐下来更稳定地握住双筒望远镜。倾斜的躺椅是椅子中最好的选择。

照相机三脚架。这只是个部分解决方案。虽然使用三脚架可以稳定地观看，但当你伸着脖子用双筒望远镜观看天空高处的目标时很快就会不舒服。

双筒望远镜专用支架。使用这种支架通常可以使你稳定而舒适地观看，但增加了额外的费用，也丧失了便携性。

照相机单脚架。我很喜欢它，在座位上使用它可以稳定而舒适地观看。在顶端加一块木头，将双筒望远镜放在上面会得到更好的效果。

稳像双筒望远镜

在我看来，稳像双筒望远镜（ISB）是最好的。这种精巧的设备中有额外的光学元件和电子设备来检测并补偿图像的移动和讨厌的抖动。稳像双筒望远镜的优点在于不需要任何额外的装置就能非常稳定地观看，在本质上保留了双筒望远镜观星的精髓——最少的设备和麻烦，随时可以携带外出观星。

多年以来，我拥有并测试过许多不同的稳像双筒望远镜，目前我最喜欢佳能的 10×42 双筒望远镜。它结合了极好的光学与稳像性能，在我看来是双筒望远镜观星的终极利器。但它并不便宜，价格在 1 000 美元以上。

对于在意价格的观星者，佳能还有一款不错的 10×30 稳像双筒望远镜，售价通常约 500 美元，光学性能同样优秀。虽然它的口径较小，但在测试中我发现用它能看到的东西和普通的 7×50 双筒望远镜一样多。它足够轻便，适合外出携带，其表现出的性能会远超你对这么大的双筒望远镜的期望。事实上，在我的所有双筒望远镜中，10×30 双筒望远镜是使用频率最高的。

佳能稳像双筒望远镜也许是最佳观星双筒望远镜。左边的 10×42 双筒望远镜拥有极佳的光学性能和近乎理想的规格，而右边较小的 10×30 双筒望远镜兼具良好的性能和便宜的价格

最后的想法

虽然本文是关于如何选择双筒望远镜，但欣赏夜空却不仅仅是靠器材。双筒望远镜只是一种工具，就像其他工具一样。记住，拥有任何双筒望远镜都要比没有强，最重要的是要观察天空，感受星光，去寻找天空中的宝藏。当你这样做时，我保证你所想的会是星空之美，而忘记了手中的双筒望远镜。

MEADE
10 x 50
Nikon

藤井旭

12 月—次年 2 月

16 鹿豹座
［甘伯（Kemble）串珠、NGC 1502］

17 英仙座
（双重星团、英仙 α 星协、M34、大陵五）

21 金牛座
（昴星团、毕星团、NGC 1647、M1）

25 御夫座
（M36、M37、M38）

26 双子座
（M35、NGC 2158）

27 猎户座
［参宿四、M78、Cr 70、M42、斯特鲁维（Struve）747、NGC 1981］

30 大犬座
（M41）

31 麒麟座
（M50、NGC 2343、NGC 2345）

32 船尾座
（M46、M47、Cr 135、NGC 2477、NGC 2451）

行星状星云
球状星团
弥漫星云
疏散星团
变星
星系

关于星图：

本书中用 3 种不同比例尺绘制星图，大、中、小视野星图的极限星等分别为 7.5、8.0 和 8.5。无论是哪一种星图，黑色圆形区域总是代表典型的 10 × 50 双筒望远镜视场。

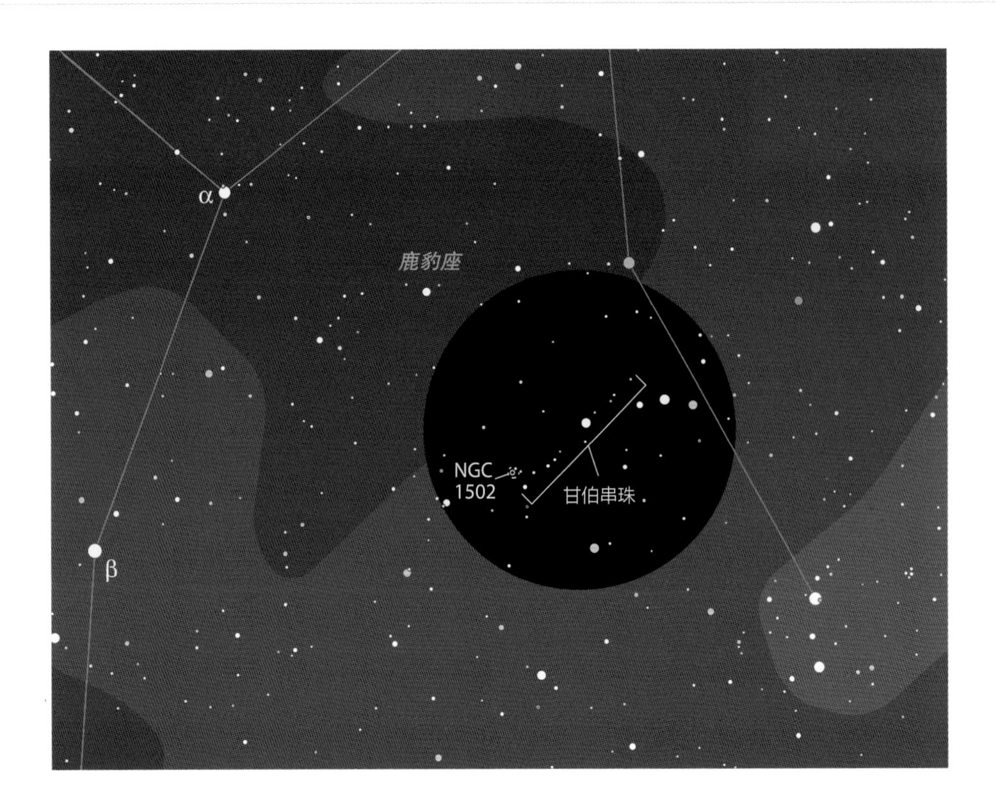

甘伯串珠

我们的眼睛和大脑都很善于从无序中创建秩序，星座就是一个例子，观星者们时常发现的众多星组（星座之中一小群恒星组成的图案）也是如此。然而，就像美是因人而异的，图案在不同观星者眼中可能明显或不明显。一个例外是鹿豹座中被称作甘伯串珠的一串非同寻常的恒星。

我第一次见到这个星组是在1996年，当时我正在检查前一天晚上拍摄的百武（Hyakutake）彗星照片。十几颗亮度差不多的恒星在彗星的不远处排成了奇异的直线，这看起来实在不像是真的天体，以至于最初我把它们当成底片上的划痕而忽略了。

这串恒星得名于1980年12月《天空和望远镜》杂志的《深空奇观》专栏。在那个专栏中休斯顿（Walter Scott Houston）叙述了加拿大天文爱好者甘伯（Lucian J. Kemble）写给他的一封信，信中甘伯描述了鹿豹座中“由暗星连成的一条美丽串珠”。

即使是在有些光污染的天空中甘伯串珠也是可见的，我在位于郊区的后院中用10×30稳像双筒望远镜可以轻松找到它。其中大多数恒星的星等介于8～9等之间，更黑的天空会提升观察效果，良好条件下甘伯串珠会比上图所示的更醒目。甘伯串珠末端附近有一个疏散星团NGC 1502作为额外观测奖励。这个星团由中央一颗7等恒星和周围一群密集而模糊的暗星组成，用10×30双筒望远镜很容易找到。

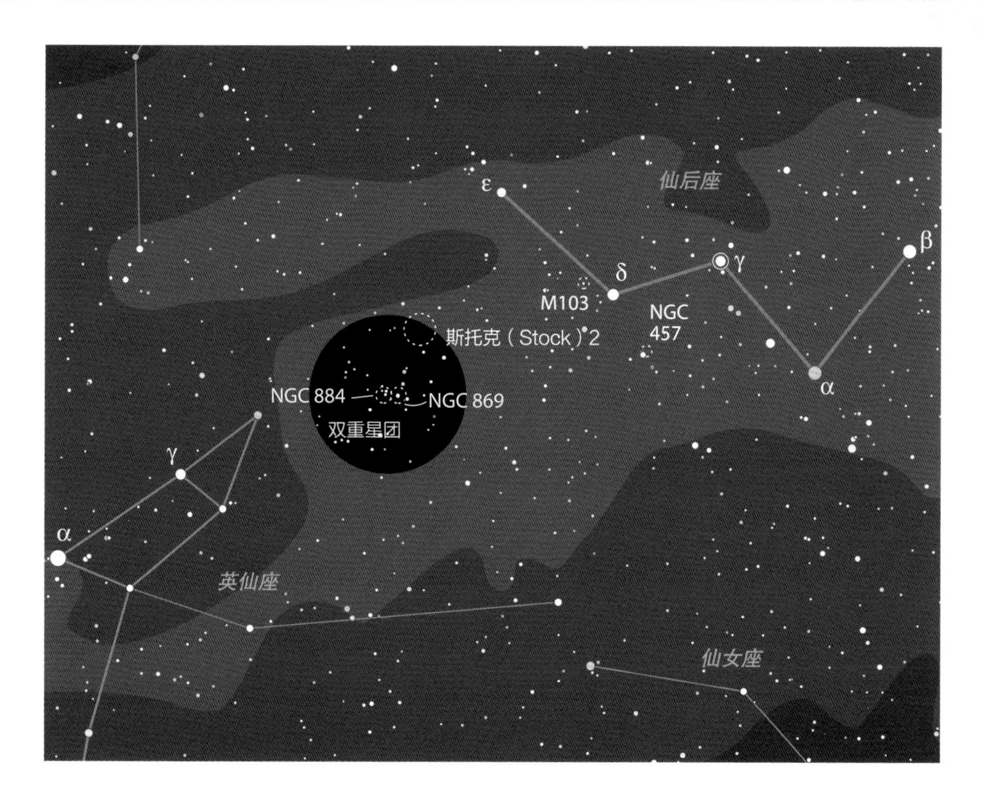

辉煌的双重星团

著名的英仙座双重星团无疑是天空中最壮观的双筒望远镜景观之一。对于北半球的观星者来说，在典型的有些光污染的郊区天空中可能只有不到一打的目标能给人留下如此深刻的印象。当在黑暗的天空下观看时，这两个星团会让最心存疑虑的观星者相信双筒望远镜有其独特的吸引力。

双重星团（也被称作 NGC 884 和 NGC 869）位于英仙座与仙后座之间一段多星的银河中，要记得疏散星团形成于银盘的银道面附近。这两个星团离我们大约 7 600 光年，年龄只有 1 300 万年。

在感受过视场中的繁星后，仔细观察每个星团，看你是否能察觉到二者之间的差异。是否其中一个比另一个更稀疏？是否其中一个比另一个有更多的亮星？二者形状是否大体相同？试着回答类似的问题会帮助你提高观察能力，并使你能更容易地看到更难观测的目标。

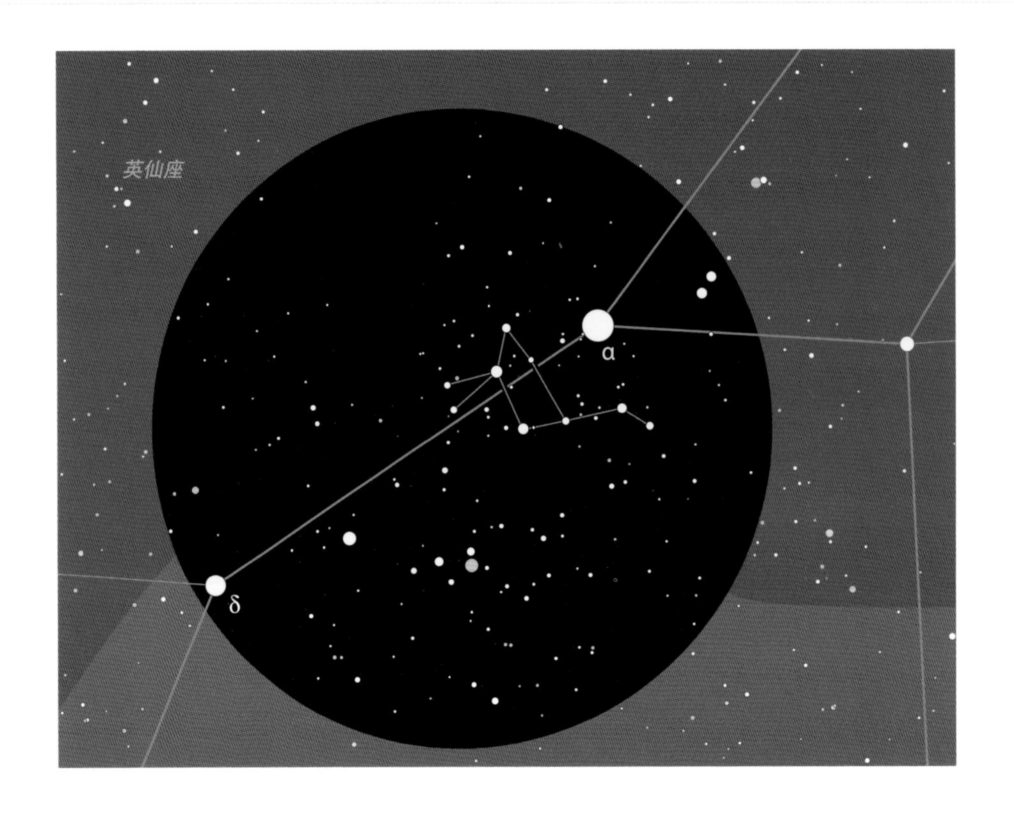

英仙 α 星协

恒星聚集的规模各有不同，有些是需要在黑暗天空用较大天文望远镜才能看到的微小星团，还有一些则表现为用双筒望远镜甚至肉眼可见的给人以深刻印象的恒星排列。包含英仙 α 在内的这个恒星集合属于后者，它是冬夜中一个很好的双筒望远镜景观，特别是对于那些不得不在明亮的城市天空下观测的观星者而言。它不是一些仅从视线上看起来接近但没有实际联系的恒星在天球上投影所造成的表象。通过测量这些恒星的距离和移动方向，天文学家们指出这是一个星协——类似于疏散星团但规模更大的一群年轻的恒星，它们相互间的引力不能使它们约束在一起。

作为英仙 α 星协特征的是英仙 α 与 δ 之间 3° 拉长区域内的 20 多颗亮度超过 7 等的成员星，在双筒望远镜中这是一个显眼的区域。也许因为我是加拿大人，每次看这个星团时我的脑中都不禁勾画出一只长脖子加拿大雁的轮廓。我们的眼睛和大脑有着先天的、根深蒂固的倾向性，可从杂乱无序中感觉或想象出图案，也许你会从这些恒星中看到属于你自己的形状。

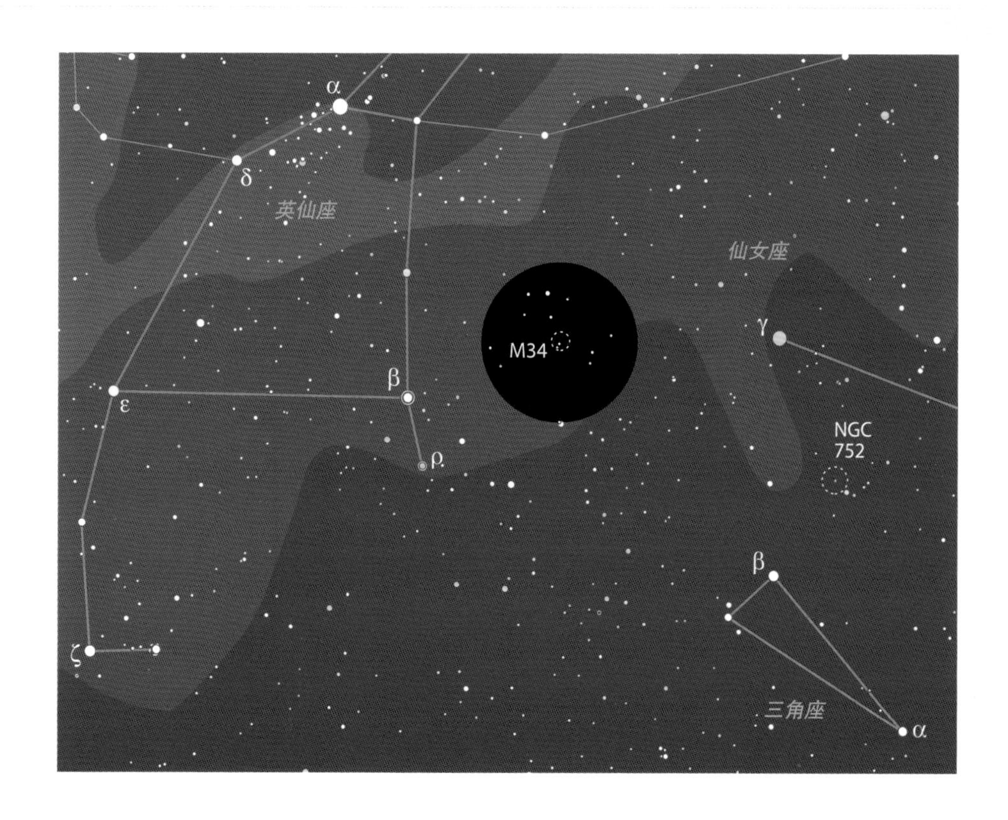

M34: 一个真正的双筒望远镜星团

对于处于光污染下的双筒望远镜观星者来说，能展现有意义的细节的深空天体清单似乎短到令人沮丧。星系和星云中除了少数例外，都需要在相当黑暗的天空中才能看到，甚至像球状星团这种面亮度较高的目标在明亮的天空中也会大为失色。然而，有类目标——疏散星团在不利的天空条件下也能表现得比较好，英仙座的 M34 在这点上胜过其他大多数疏散星团。

2000 年 6 月，我感受到了这个星团的抗光污染能力。在一个闷热的夏季凌晨，我起床去看当时正掠过 M34 的林尼尔（LINEAR）彗星。尽管 M34 的高度低，我位于郊区的后院也很亮，但它看起来仍然很棒。彗星的表现不佳，而 M34 中最亮的 10 多颗星用 10×50 双筒望远镜容易看到。在更好的天空条件下，这些恒星会被散落于其间的更暗的星团成员星连接起来。

要寻找 M34，只需在大陵五与仙女 γ（一颗美丽的金黄色恒星）之间的连线略微以北扫视即可。

观察魔星

日食是最激动人心的天象之一，任何目睹过月球圆面静静地遮掩太阳光辉的人都将永生难忘。遗憾的是为了看到一次日食你通常需要去很远的地方。但如果你能注意夜空，本周就有机会在自家的后院中看到星食。

大陵五（英仙 β）有时也被称作魔星，是典型的食双星。每隔 2 天 20 小时 49 分主星就会被比它暗的伴星掩食一次，这样整个双星系统的亮度会从 2.1 等下降到 3.4 等。这一掩食不但频繁出现，而且从地域上说广为可见；从持续时间上说，与日食的全食阶段历经短短几分钟就匆匆结束不同，这对双星的掩食时间竟长达 10 个小时。诚然，大陵五的掩食没有日全食那么壮观，但观察食双星的亮度变化也是令人着迷的活动。

大陵五及一些便于比较亮度的恒星用肉眼可见且易于寻找。上图中标出了比较星的星等，省略了小数点，如标记为 38 的恒星亮度就是 3.8 等。大陵五位于一个引人注目的双筒望远镜天区，其中有 4 颗星组成了一个像更暗并扭曲了的北斗斗勺的 2° 宽星组，大陵五位于星组的东北角，东南角的恒星是淡红色的。大陵五最亮时的亮度与仙女 γ 很接近。

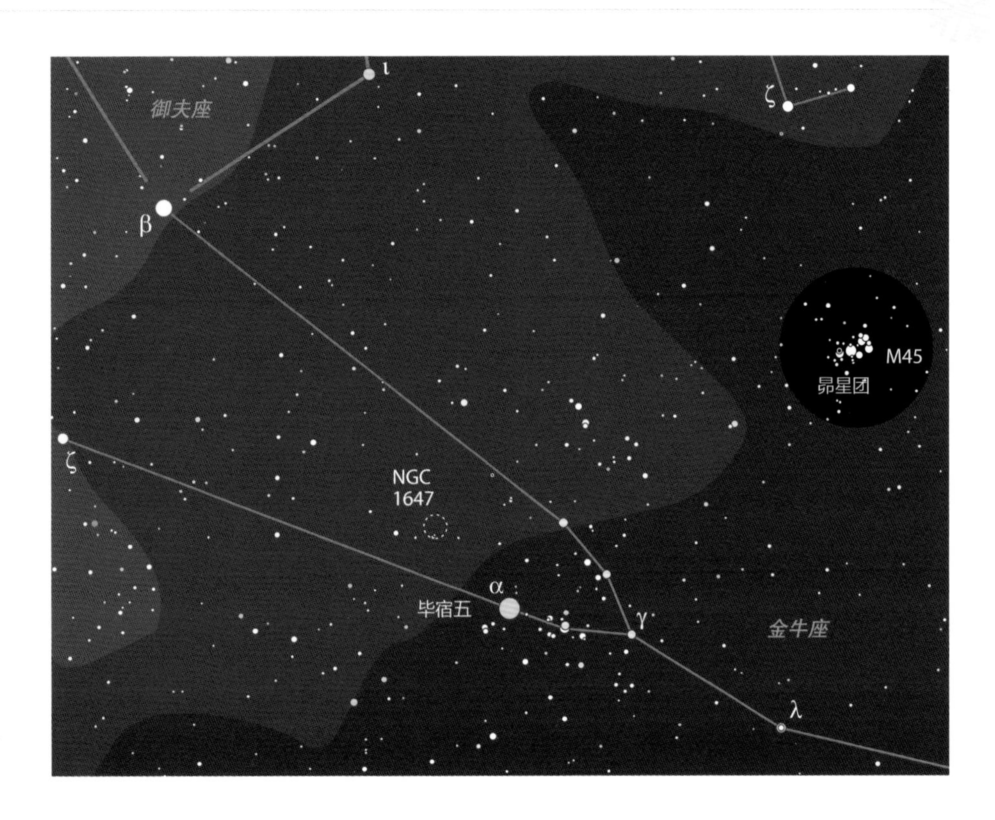

昴星团

在任何关于全天最壮观的双筒望远镜天区的清单上排在前几位中的一定会有昴星团。最高级别的描述词汇早就用光了，“壮观”、“激动人心”、“震撼”都很合适，但这些陈旧的词汇永远不能真实传递的是它在日常双筒望远镜中的美丽景象，这是一道需要亲身体验并充分欣赏的风景。

昴星团中最亮的 5 颗星排列成小北斗状，但我认为是散落在星团的主要亮星周围的暗星使景象看上去更别致。尤为可爱的是斗柄下方的 5 颗 7 等星连成的曲线，还有斗勺中间很难分解的 8 等双星 South 437。

昴星团、土星光环和月球环形山可以使人终生爱上天文。正如佩尔蒂埃（Leslie Peltier）在他的经典自传《星光之夜》（*Starlight Nights*）中所写：正是因为童年时（1905 年）从厨房窗户向外对昴星团的一次凝望，开启了我一生的天文之路。也许观看一次昴星团同样会激发你对天文的热爱。

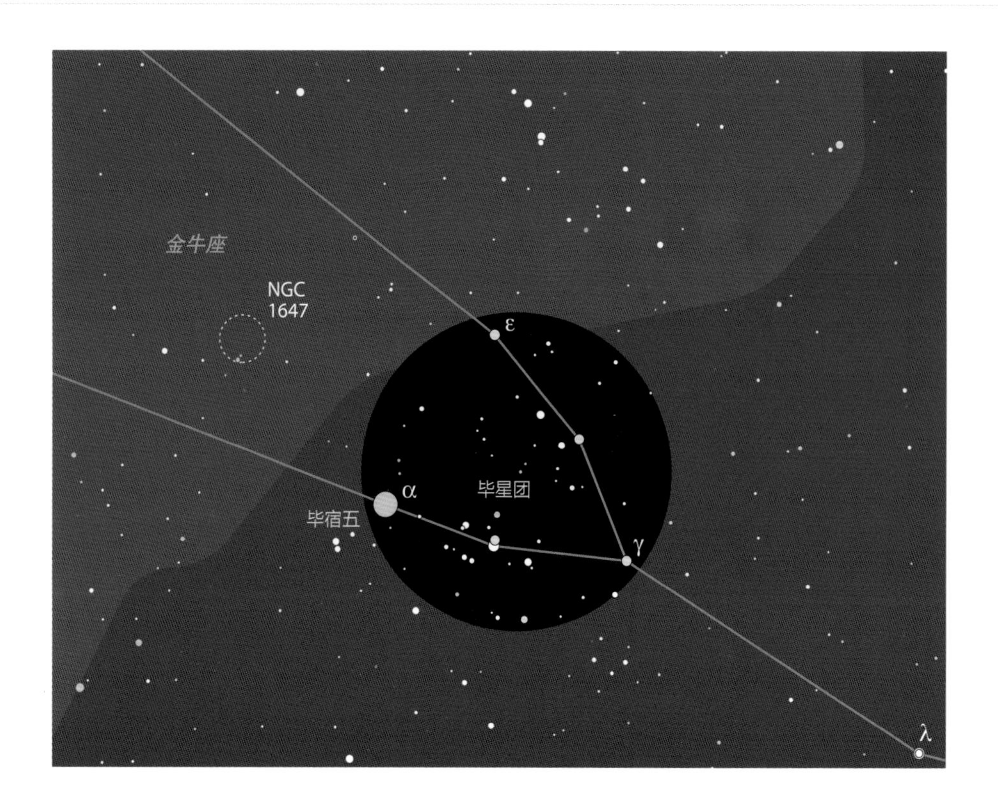

圈起毕星团

虽然观星新手们常常会主观地认为用天文望远镜观察夜空永远是最好的，但有些目标用普通双筒望远镜观看的确会更好。在观察小目标时，就集光力和分辨率而言，用任何不是太小的天文望远镜观看无疑会比用一般的 10×50 或 7×50 双筒望远镜观看显得更亮，呈现的细节更多。但若想一眼就看到最广阔的天空范围，双筒望远镜就是最佳选择。说明这一点的最好方法莫过于圈起一个真正的大星团，如金牛座的毕星团。

毕星团在天空中大约有 6° 宽，因为它是离我们最近的疏散星团之一，距离只有 150 光年。用大多数天文望远镜观看毕星团时视场中只会出现少量恒星，显得很稀疏无趣，但用双筒望远镜会看见整个星团：一大片布满恒星的天区，恒星排列成有趣的迷你星座和几何图形。

星团中最亮的恒星是橙色的毕宿五，但它的距离（65 光年）说明事实上它并不是毕星团的成员星。然而，毕宿五的存在大大增加了视场的感染力，观星者们可以将其视作星团的荣誉成员。

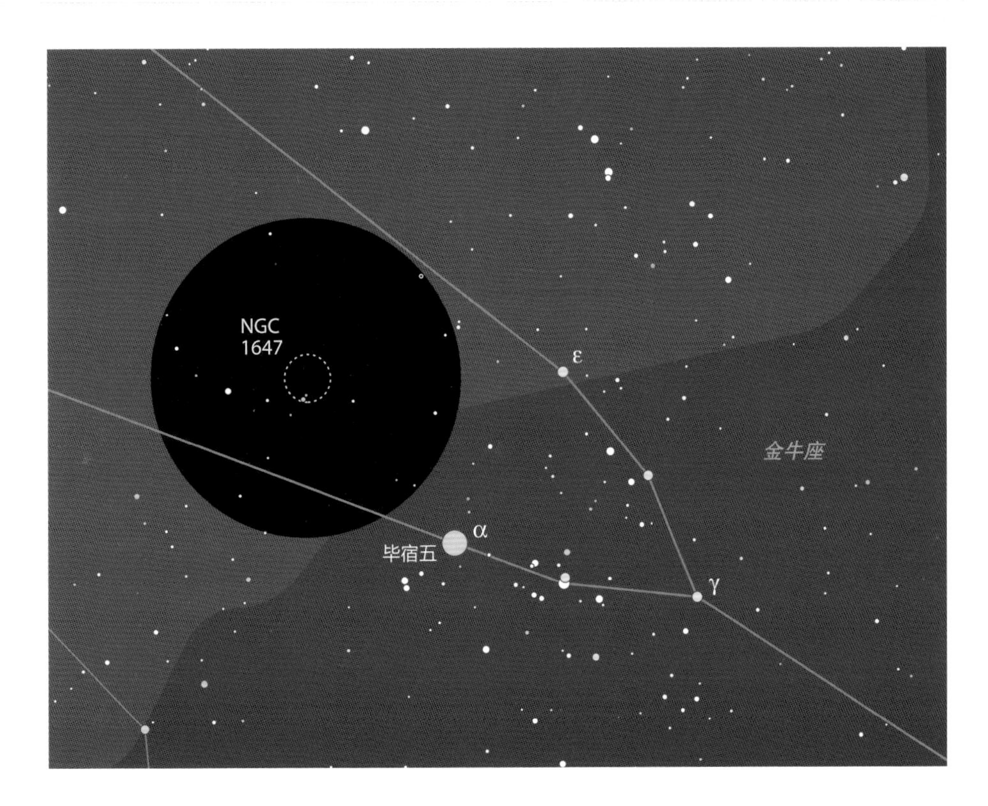

NGC 1647 : 螃蟹星团

由于与昴星团和毕星团这样壮观的“双筒望远镜精华目标”如此之近，金牛座中其他较小星团被忽视也在情理之中。对 NGC 1647 来说这太不幸了，如果它出现在天空中的其他位置，无疑会得到更多的关注。

在明亮的毕宿五东北 3.5°（大约是普通双筒望远镜的半个视场）可以找到这个从中心向外伸展的星团。因为 NGC 1647 中大多数恒星的亮度低于 9 等，你需要在一个通透而黑暗的无月天空来得到最佳观看效果。

在 15×45 稳像双筒望远镜中，这个星团看起来像一只螃蟹。西北和西方的由恒星连成的两条曲线使人想起蟹螯，外侧 4 颗更明亮的恒星是蟹腿的尖端，中部的一簇恒星组成了螃蟹的身体。也许是因为我在海边看 NGC 1647，脑海中很容易浮现出一只天空中的甲壳动物形象。去观察它吧，看看你是怎么想的。如果没有出现螃蟹的形象，建议你去海边再看一次，也许有助于激发你的想象！

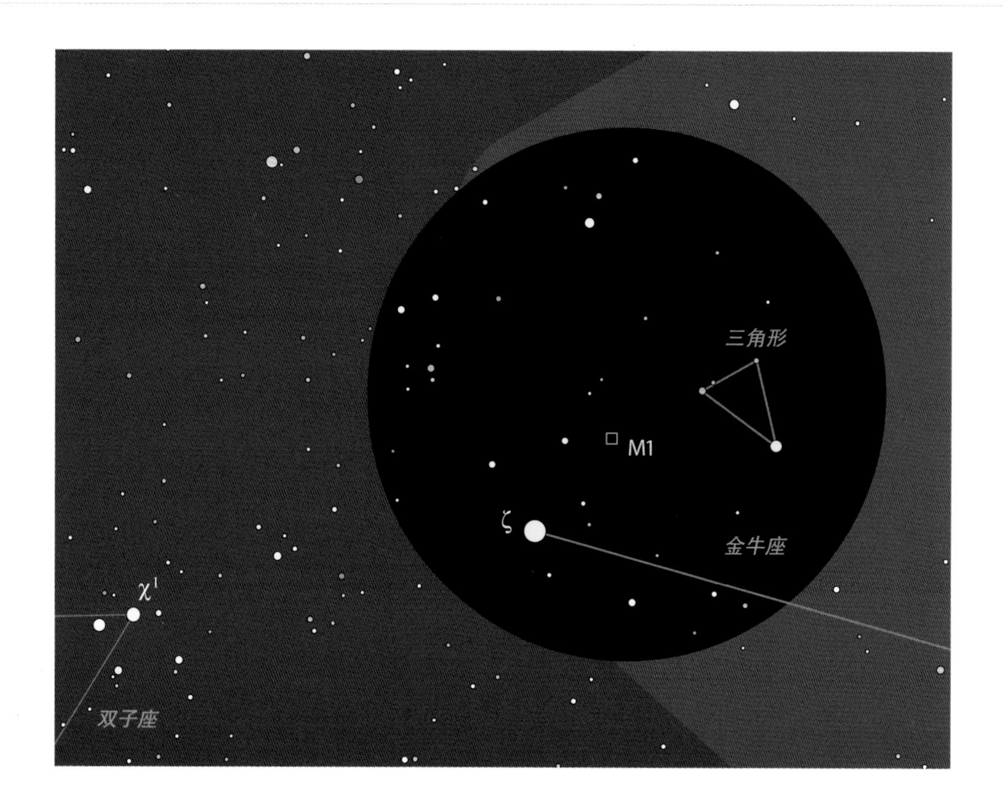

梅西叶 1 号天体

法国天文学家梅西叶（Charles Messier）在 18 世纪编写的非彗星表以一声爆炸开头。金牛座的 M1 是该表中唯一的超新星遗迹。虽然在宇宙空间中听不到爆炸或尖叫，但一颗大质量恒星爆炸时发出的光在 1054 年抵达地球，使我们得知了它的存在。这颗超新星在最亮时和金星一样明亮，白昼可见。梅西叶于 1758 年 9 月观测到了这场灾难的遗迹，这激发了他开始编写一个由可能会被误认为彗星的星云组成的列表。

M1 也被称作蟹状星云，它位于 3 等星金牛 ζ 西北仅 1°，介于 ζ 星与一个小等腰三角形中间，容易定位。这个星云的亮度为 8.4 等，用双筒望远镜观看有点困难，主要因为它很小。大多数星表中 M1 的大小约为 6′×4′，与比它亮得多的狐狸座哑铃星云（M27）差不多。但观星新手常常会错误地认为像蟹状星云这样的目标会又大又亮，不切实际的期望会导致更难找到目标。

当调整期望后，我没怎么费力就用 10×50 双筒望远镜看到了 M1——一个小圆光斑。当我用 15×45 稳像双筒望远镜观看时，星云呈明显的椭圆形。甚至我用 10×30 双筒望远镜也能时隐时现地看到它，虽然较难。然而，考虑到 M1 的历史意义，即使是匆匆一瞥也会令人兴奋。

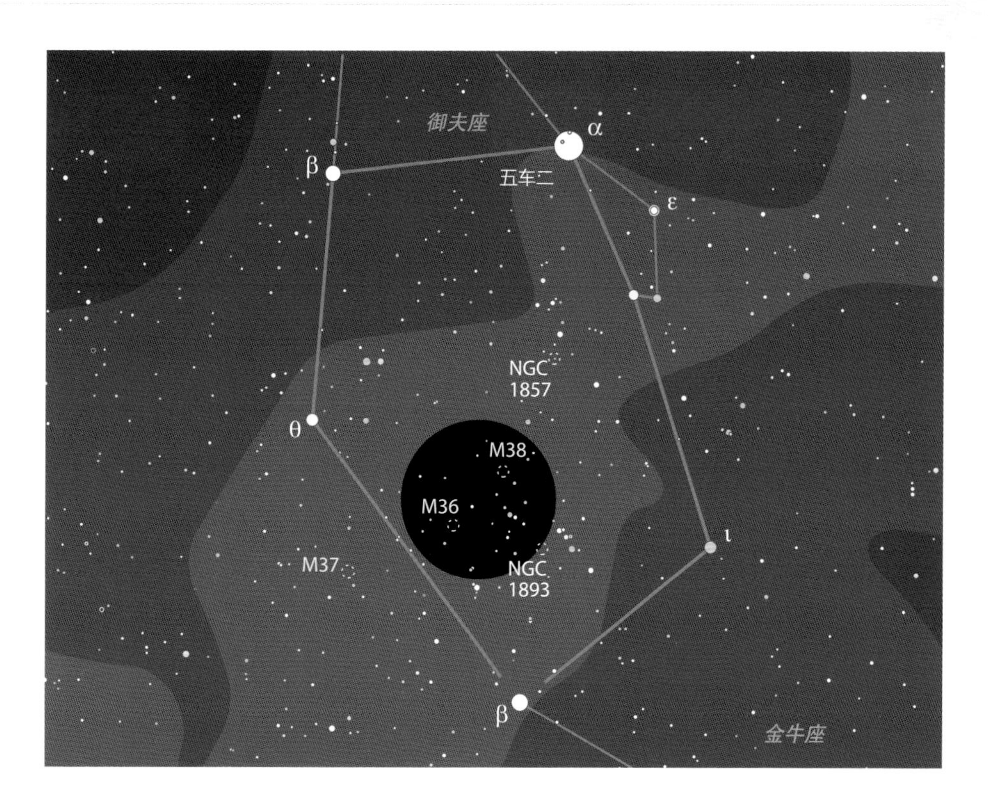

御夫座的梅西叶星团

一些双筒望远镜目标具有感染力，而其他一些目标是因为位于引人注目的天区而被记住。此外，还有第三类——有感染力的目标出现在引人注目的天区。御夫座中的3个梅西叶疏散星团——M36、M37和M38就属于这种情况。它们中的每一个都可以作为“双筒望远镜精华目标”的主题，但在一起又的确体现了整体大于部分之和。

使这3个星团如此有趣的一个原因是因为它们比较近而带来的对比结果。的确，也许你可以把它们同时纳入视场，这取决于你的双筒望远镜的视场大小。

从我的存在光污染的后院用10×30稳像双筒望远镜观察，我发现M36是三者中最容易看到的，一定程度上是因为它有着最小的视尺寸和高面亮度。它有独特的蜘蛛状外观，从星团的中心向外辐射出几条由刚能感知到亮度的恒星所连成的线。

M38则不同，它没有什么显著特征，大而弥漫，偶尔可见几颗暗星的光点。因此，它受明亮天空造成的不利影响最大，在天空条件不佳时很难看到。

M37的外观介于M36和M38之间，既没有M38那么弥散，也没有M36那么显而易见。

观察一下这3个星团，看看你的观感是否和我一样，但不要忘了也要将它们作为整体来欣赏。在多星的银河背景中，御夫座3星团组成了整个北半天球上最值得观看的双筒望远镜观测天区之一。

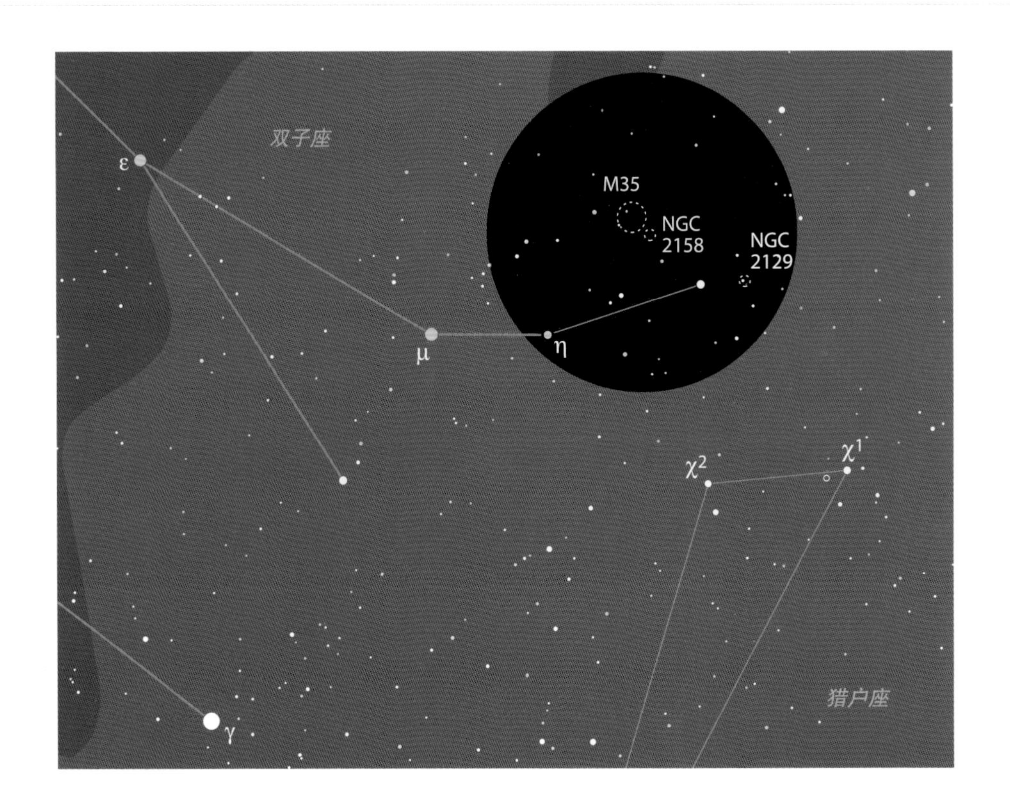

另一对双重星团

著名的英仙座双重星团是最佳双筒望远镜观测目标之一，然而双子座中也有一对鲜为人知的双重星团高悬在冬天的夜空中。与英仙座那对势均力敌的富星团相比，双子座的星团 M35 和 NGC 2158 是天上不般配的一对。M35 是一个明亮而容易找到的双筒望远镜观测目标，NGC 2158 则很暗淡，观测具有挑战性。在双子座最西边底部附近容易找到它们。

M35 是双子座中最值得观看的双筒望远镜景观，我可以在由钠灯光芒笼罩的郊区夜空中看到其中闪烁着的大约 6 颗恒星。这些亮星排成东西走向的一条光带，位于由几十颗处于分辨边缘的暗星所组成的更大的圆形光斑背景上。不同于 M35，观测 NGC 2158 完全是一项挑战。为了观测成功，你需要黑暗无月的天空、稳定的手（利用支架或稳像双筒望远镜更好）和至少 10 倍的倍率。即便如此，NGC 2158 也不过是位于 M35 西南边缘的一个很暗的模糊小光斑。和大多数双筒望远镜景观一样，倍率的提升会带来更好的观测效果，特别是在有光污染的天空中进行观测。

了解这是因距离不同而造成的结果能使你充分理解眼前的景象。M35 距我们大约 3 000 光年，NGC 2158 则更远，距离是 M35 的五六倍。难怪 NGC 2158 成了 M35 的一个“鬼影”。

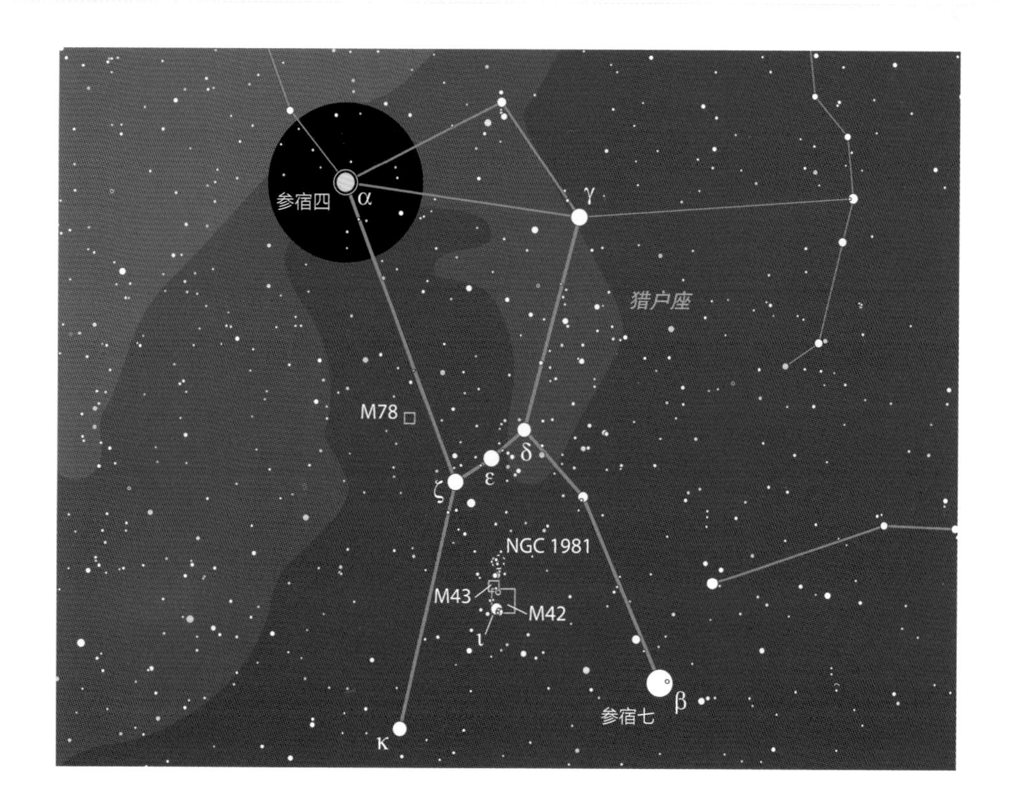

金橙色的参宿四

我们都读过用“鲜红”或“碧蓝”来描述恒星的文字，但现实中大多数恒星的颜色是微妙的，著名的“红超巨星”参宿四(猎户 α)就是一个典型例子。参宿四是一颗 M 型恒星，这意味着它发出的大部分可见光在黄色、橙色和红色的光谱区域。但是它也会发出足够多的更短波长的光，以至于冲淡了主色，结果恒星的色彩就没有那么浓重了。

影响我们感受恒星颜色的一个因素是进入眼睛的光量，这正是双筒望远镜可以帮助我们的。用肉眼看，参宿四呈一种浅色，如果你在它和它的明亮“邻居”——冰白色的参宿七之间比较则很容易看出差异。然而，在双筒望远镜中参宿四呈现美丽而醒目的金橙色，为什么呢?

人眼中有两种视细胞：一是视杆细胞，对于微弱的光线敏感；二是视锥细胞，使我们能够辨别颜色，但感光能力相对较弱。在光线不足的情况下，我们主要用视杆细胞看东西，因此大多数的暗星都为无色。双筒望远镜的集光能力给了视锥细胞足够的光，所以能更好地感知恒星的颜色。

但如果接收到过多的光，同样会使色彩变淡。用参宿四做个试验：将双筒望远镜轻微散焦，这样参宿四会从一个尖锐的光点扩散成稍微暗淡的光斑。这样做可以减小参宿四微小点像在视网膜上的感光过度，该效应会使任何色彩看上去比实际更白。

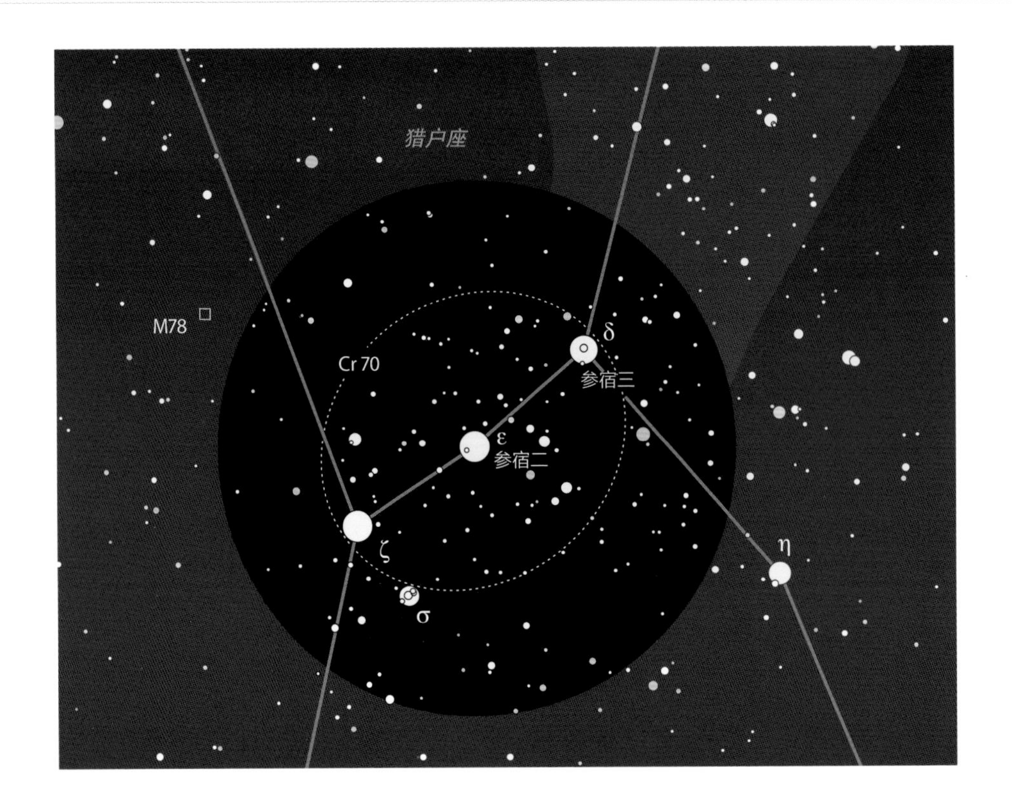

猎户座扩展包

统治夜空的猎户座是“双筒望远镜精华目标”的宝库，其中最引人注目的区域是壮丽的M42所在的“猎户佩剑”。但如果你愿意走不那么为人熟知的小路，则会有更多可看的风景。

作为猎户座的梅西叶天体，M78却几乎得不到双筒望远镜观星者的关注。与大多数知名的星云不同，M78的光来自反射恒星的光。它是梅西叶星表中唯一的反射星云，仅凭这点就值得一看。

M78固然不是热门的观测目标，但也有8.3等，在比较黑暗的天空中很容易找到。在10×50双筒望远镜中它是个模糊的小光斑，位于一个由7等星组成的L形星组附近。用侧视法可以看到星云西北角的一颗8.4等恒星，此时M78像是一颗彗星。

如果想看点完全不同(而且容易得多)的东西，就去找星团科林德（Collinder）70（Cr 70）。即使你从未听说过它，你也可能见过它。Cr 70是“猎户腰带”之中及周围的一大群恒星。这个精彩的星团使双筒望远镜视场中充满了6等、7等星，“腰带”中间那颗星（参宿二或猎户 ε）西边的鱼钩形尤为显眼。

最后，看看“腰带”最西边的参宿三，它也被称作猎户 δ。参宿三是一颗漂亮的双星，主星（2.4等）与位于其正北53″的伴星（6.9等）亮度相差很大。这对双星用10×50双筒望远镜容易分解，不过想用10×30双筒望远镜将伴星从主星的光辉之中分辨出来确实有点困难。

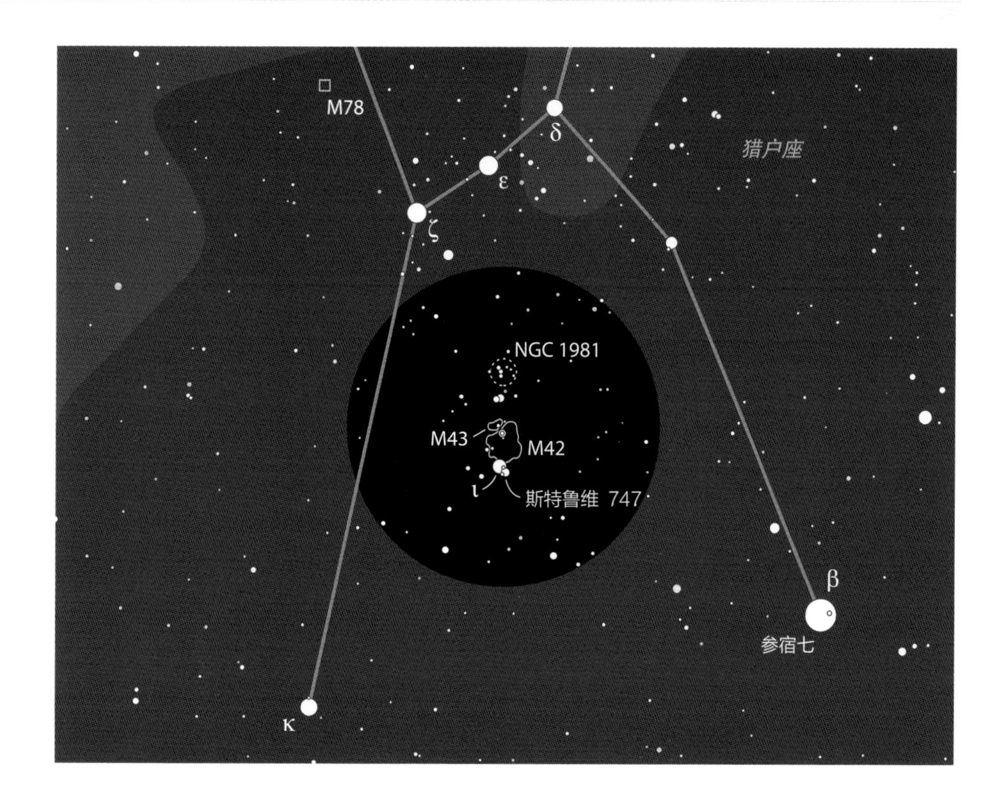

“猎户佩剑”

很少有双筒望远镜观测目标的组合能像“猎户佩剑”那样给人以强大的视觉冲击，其中谁看过闪烁的恒星和明亮的星云之后不会牢牢记住呢？诚然，猎户星云（M42）在双筒望远镜中的景象无法超过使用好的天文望远镜，但用双筒望远镜还可以看到周边环境，不只是星云本身，还有它所在的“家园”，这的确是个引人注目的“家园”。

“猎户佩剑”是3个“双筒望远镜精华目标”合在一起组成的，其中最受关注的自然是M42，即使在糟糕的天空条件下也能看到其云雾中笼罩着3个光点，分别是猎户座四边形星团（因为双筒望远镜倍率低，其中4颗主要恒星变成了一个5等的星点）、5等的猎户 θ^2 及其东边相邻的6等星。它们共同组成了一个醒目的景观，无论如何赞颂都不为过。

猎户 ι 在M42的正南方，亮度为2.8等，是视场中最亮的恒星。仔细观察位于它西南方8′的那颗星，你注意到了什么？这是双星斯特鲁维747。在10×50双筒望远镜中我刚好能把它分解成4.8等和5.7等的两颗子星，但需要使用三脚架稳定观看。15×45稳像双筒望远镜也可以轻松分解这对双星。

松散的疏散星团NGC 1981是“猎户佩剑”最北端的一个有吸引力的目标。即使在明亮的郊区天空中，通过使用有稳固支撑的10倍双筒望远镜也能看到星团中的少量恒星。因为有更耀眼的“近邻”，它常常被忽视，但它依然是一个有魅力的星团，值得长时间仔细观看。

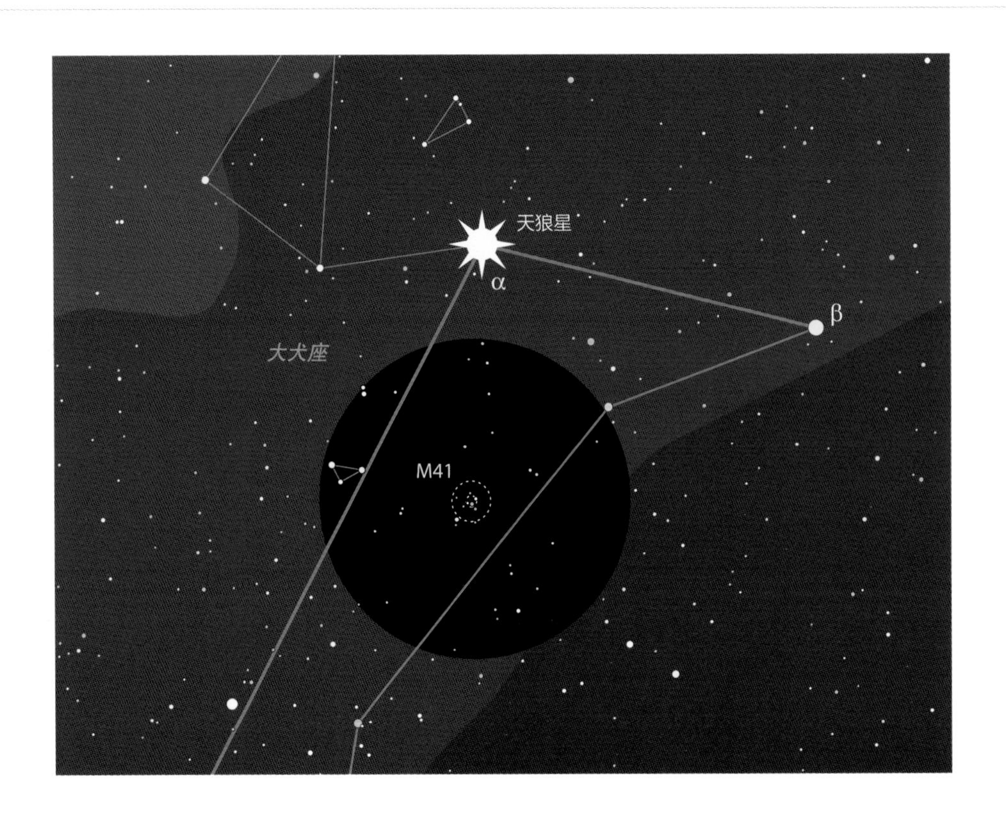

被忽视的疏散星团：M41

很少有恒星能像大犬座的主星——天狼星那样吸引人。在一个寒冷的冬夜，你吃完晚饭出门散步时，耀眼的天狼星会吸引你抬头观看。对于那些忍不住用双筒望远镜观看它的人来说，视场底部附近有一个惊喜——疏散星团 M41。这个可爱的星团不知多少次被观星新手们以这种方式“发现”。因为有天狼星这个灿烂的标志物，找到 M41 自然是很容易的。在奥米拉（Stephen James O’Meara）的《梅西叶天体》（*The Messier Objects*）一书中，作者捕捉到了这一场景：“猎户的大狗——大犬座升起于寒冷冬季的景色之上，疏散星团 M41 就像反射着月光的冰冻狗牌，挂在它的项圈下方。”

M41 离我们约 2 300 光年。即使在很强的月光下或城市光污染中，依然可以看到“冰冻狗牌”中闪耀的大约 6 颗最亮的星。大犬座位于冬季银河中，这片天区普遍多星。特别显眼的是图中用连线标记的一对三角形，一个在天狼星北边半个视场直径处，另一个在天狼星南边略偏东的一个视场直径处。虽然没有夏季银河那样繁密，冬季银河中也有许多非常美丽的天区，你可以在下次冬夜外出散步时用一架双筒望远镜找到它们。

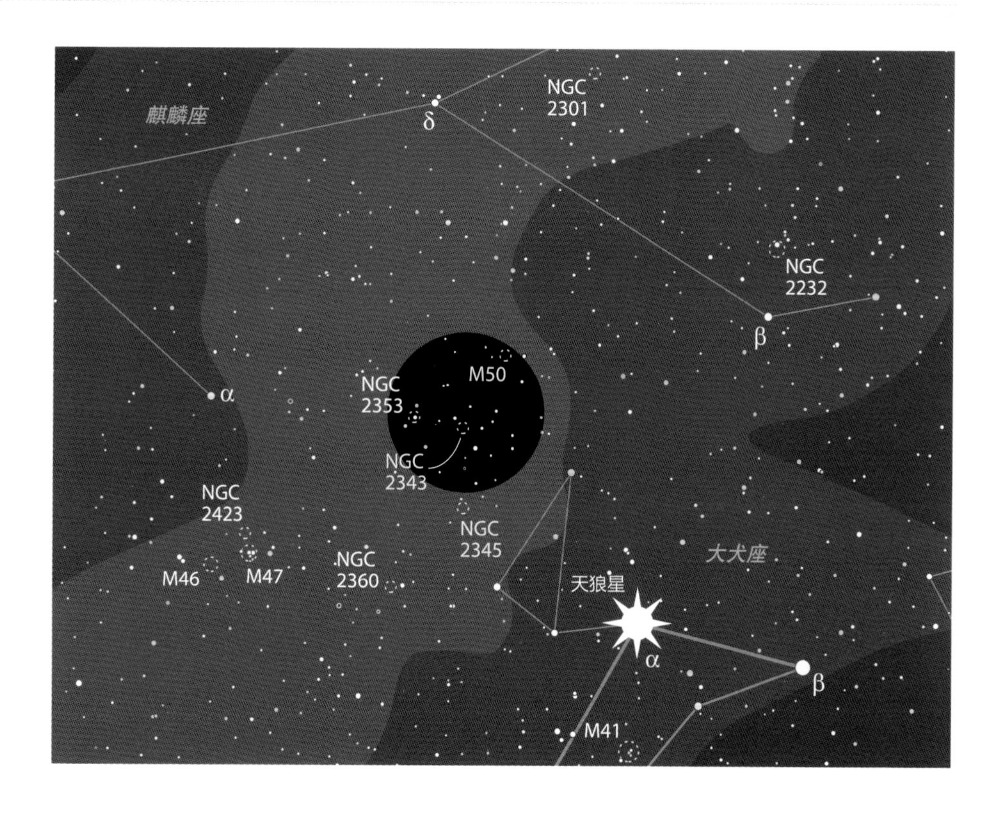

星溪中的 M50

人们常常把宽广、明亮的夏季银河比作光的河流。相比之下，冬季银河像是浅浅的溪流，但它和夏季银河一样值得慢慢搜寻，以捕捉其中一些鲜为人知的奇观。上图展示的从船尾座的 M46 和 M47 两个星团向西北延伸到麒麟座的部分是星溪中特别多星和值得搜寻的一段。

M50 是位于灿烂天狼星北略偏东的颇负盛名的疏散星团。在 10×30 稳像双筒望远镜中它是一个明显的拉长小光斑，处于一个布满 7 等星的引人注目的天区。我的郊区后院有光污染，从更黑的天空观看效果会更好。但是明亮天空的不利影响在一定程度上可以靠提高双筒望远镜的倍率来弥补，15×45 双筒望远镜在呈现这个星团上的确好多了，甚至可以看到其中少数成员星。当然要想用这个倍率的双筒望远镜看到更多细节，则需要使其稳定，既可以像我一样使用电子稳像系统，也可以采用某种支撑方式。

增加倍率的好处对于观看 M50 的“邻居”更加明显。虽然 NGC 2343 在 15×45 双筒望远镜中容易找到，但在 10×30 双筒望远镜中只能隐约看见。NGC 2345 在大一些的双筒望远镜中也是观测困难的目标，在小双筒望远镜中完全看不见也并不奇怪。即便如此，在黑暗的天空中比较容易找到这两个天体。如果你厌倦了寻找暗星团的挑战，可以顺银河而下，翻到下一页去欣赏灿烂、明亮的 M47。

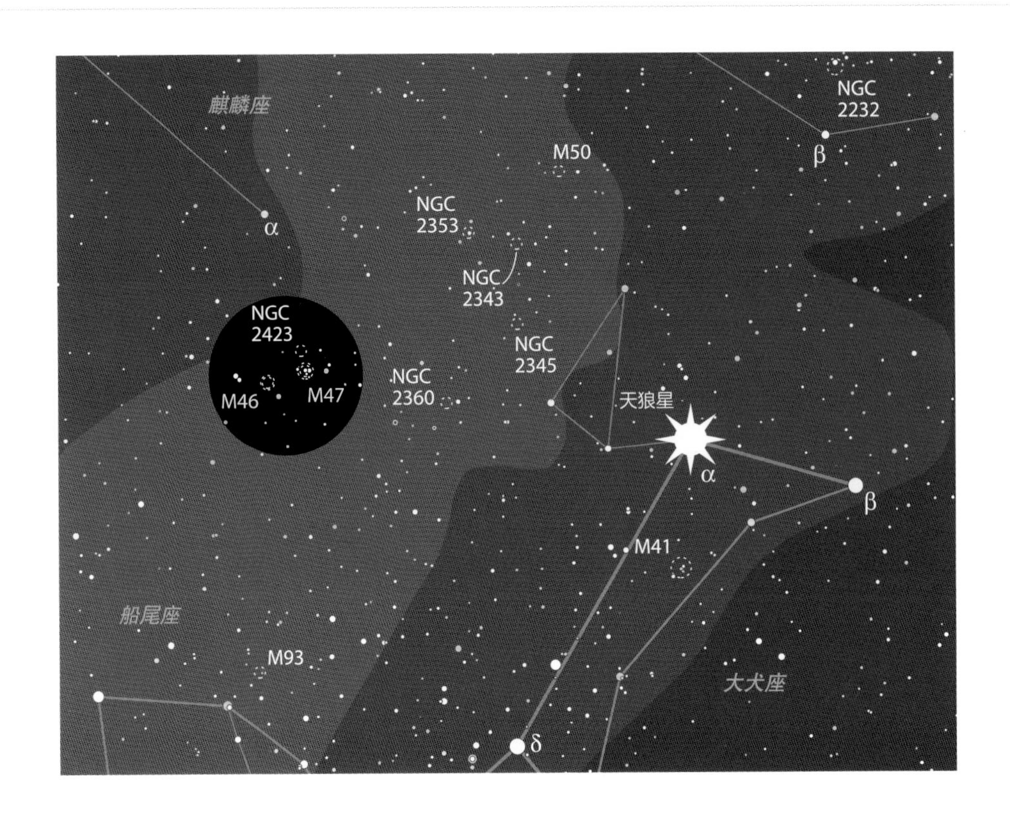

M46 和 M47：天上不般配的一对

几乎所有人都熟悉英仙座的双重星团，这对星团是天空中最佳的双筒望远镜景观之一。然而，冬季也有一对梅西叶星团：船尾座的 M46 和 M47。

虽然大小和总体亮度相近，相距只有 1.5°，但这两个星团看上去却相差很大。在奥米拉的《梅西叶天体》中，他这样调侃它们的差异：“像是将鲜花和岩石相比。”

两者中西边的 M47 更容易被看到，它的核心处的 6 颗亮星的排列使人想到天箭座。因为有这些亮星的存在，即使是在月光明亮或有光污染的天空中也容易找到 M47。

相比之下，M46 在较差的天空条件下几乎不可能被看到。在我的郊区后院里，即使用 15 × 45 稳像双筒望远镜也只能勉强看见。这并不奇怪，因为虽然它的成员星很多，但其中没有亮于 9 等的。在黑暗的乡村天空中你会看到如奥米拉所写的：“一个圆形的、均匀的 6 等亮斑。”

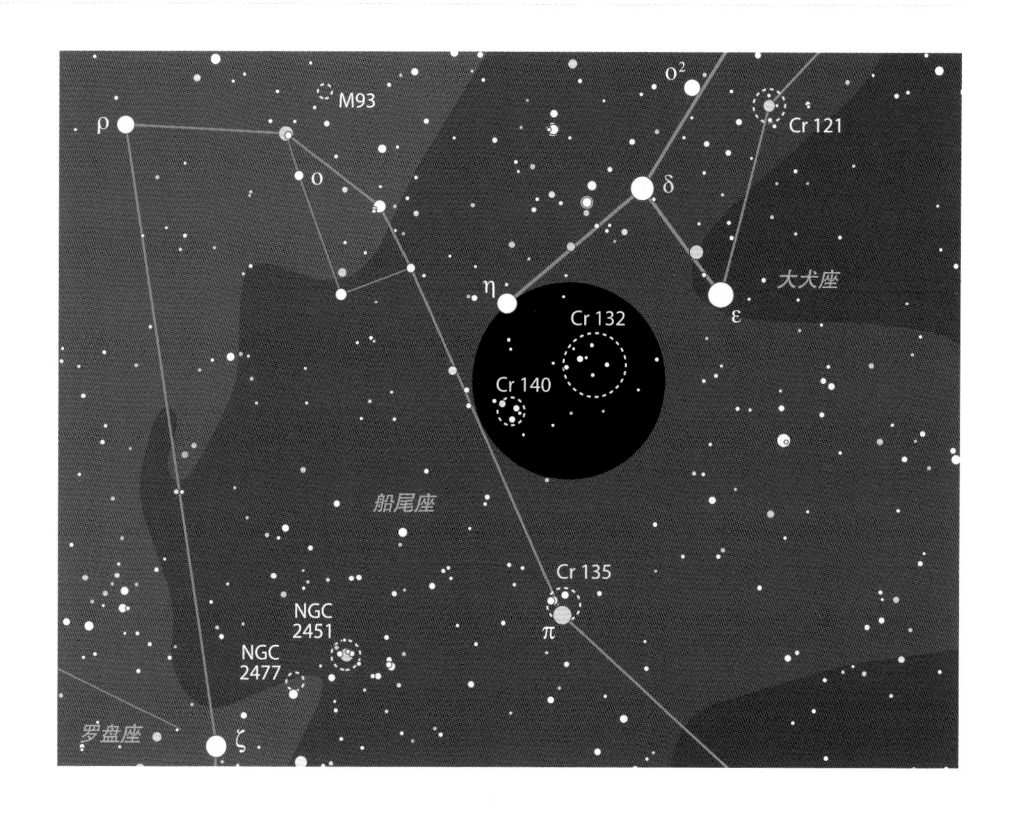

大犬座中的科林德天体

很多人听说过梅西叶星表、德雷尔（Dreyer）的 NGC 星表甚至 IC 星表，但也许你会惊奇地发现有些值得看的双筒望远镜观测目标来自其他更少见的星表。特别是科林德星表中有许多有趣的观测目标，其中有几个在大犬座南部。

让我们从大犬 δ 开始探索科林德天体。δ 星位于一个美妙的双筒望远镜观测天区，其东南方有一串恒星环绕着它，这串星弧像一顶降落伞，δ 星则是“跳伞者”。将双筒望远镜视场向南移动 4°就到了科林德（Cr）132。这个星团即使用 10 × 30 稳像双筒望远镜也很容易分解，它的形状像一个倾斜的微型飞马大四边形。Cr 132 中有少量比较亮的星，几乎没有暗星。

Cr 140 与 Cr 132 相邻，前者更易见，如果天空足够黑暗，甚至肉眼就能感觉到。用 10 × 30 双筒望远镜能看到排成希腊字母 λ 的大约 6 颗星，星团核心是一团云雾。15 × 45 稳像双筒望远镜会将其分解成少量暗星，使星团看起来明显有更多星了。

最后，我们向正南越过星座边界来到船尾座，将会找到 Cr 135。这个天区的主宰者是 2.7 等的船尾 π，它与附近的一对 5 等星组成了一个等腰三角形。一群暗星聚集在 π 星周围，在 10 × 30 双筒望远镜中若隐若现。

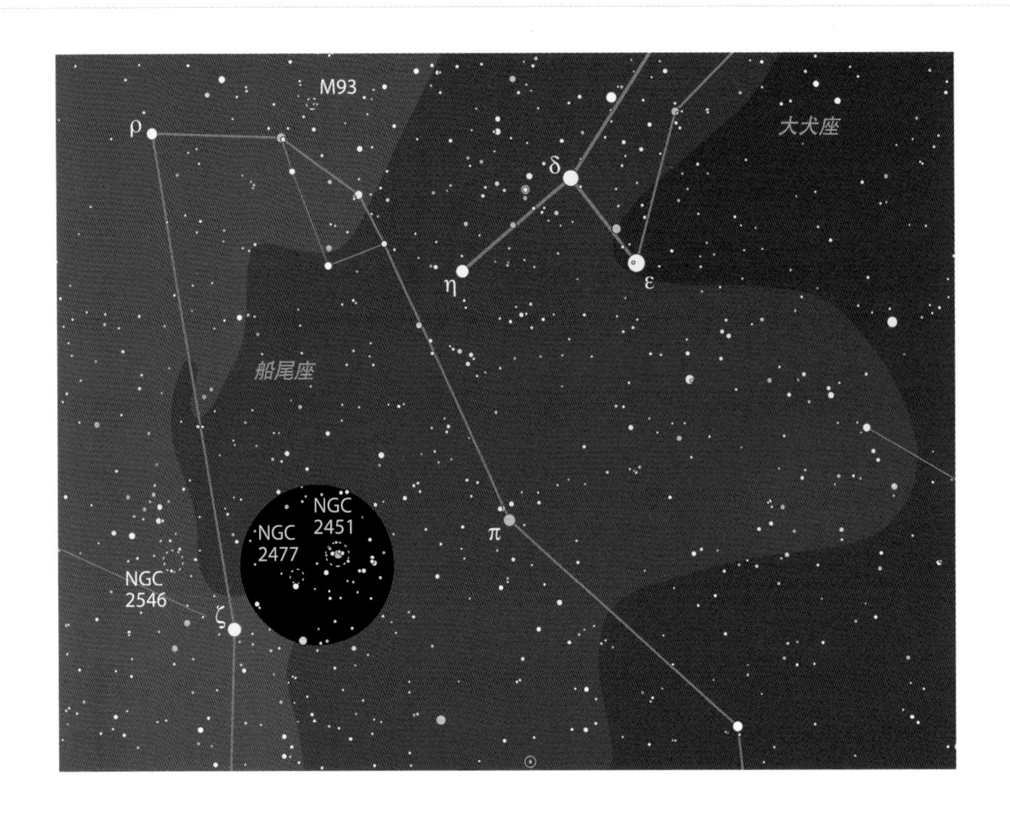

南方的两个有趣目标

双筒望远镜提供了便捷的观星方式。偶尔把天文望远镜留在家，出外用双筒望远镜花少量时间观看一些特别感兴趣的目标，或仅仅随意扫视天空也是一件令人兴奋的事。就在这样一次冬季银河“漫步”中，在广阔的船尾座中，紧贴南方地平线上，我偶然发现了一对可爱的疏散星团。

NGC 2477 和 2 等星——船尾 ζ 在同一视场内。如果天空黑暗，这个星团在普通双筒望远镜中是一个暗淡的圆形云雾状天体。它是一个非常多星的银河星团，全是暗星，这也是它看上去不像典型疏散星团的原因。

向西北 1.5° 去寻找相邻的 NGC 2451，它会更符合你的预期。你应该能辨认出十几颗恒星，它们聚在一颗可爱的 3.6 等橙色“宝石”周围。

为了能看到 NGC 2477 和 NGC 2451，你必须找到一个南方地平线上没有遮挡的地点，并在它们位于正南最高处时观看。

冬

春

3月 — 5月

38 小熊座
（“订婚戒”）

39 大熊座
（M81、M82、M101）

41 猎犬座
（M51、M106、M94、M3）

45 后发座
[17、梅洛特（Melotte）111、NGC 4565]

46 牧夫座
（δ、μ、ν）

47 北冕座
（R）

48 巨蟹座
（ρ、ι、M44）

50 狮子座
（NGC 2903、轩辕十四、τ）

52 长蛇座
（M48、U、V）

54 室女座
（M104）

55 巨蛇座
（M5）

56 半人马座
（ω）

行星状星云
球状星团
弥漫星云
疏散星团
变星
星系

关于星图：

本书中用3种不同比例尺绘制星图，大、中、小视野星图的极限星等分别为7.5、8.0和8.5。无论是哪一种星图，黑色圆形区域总是代表典型的10×50双筒望远镜视场。

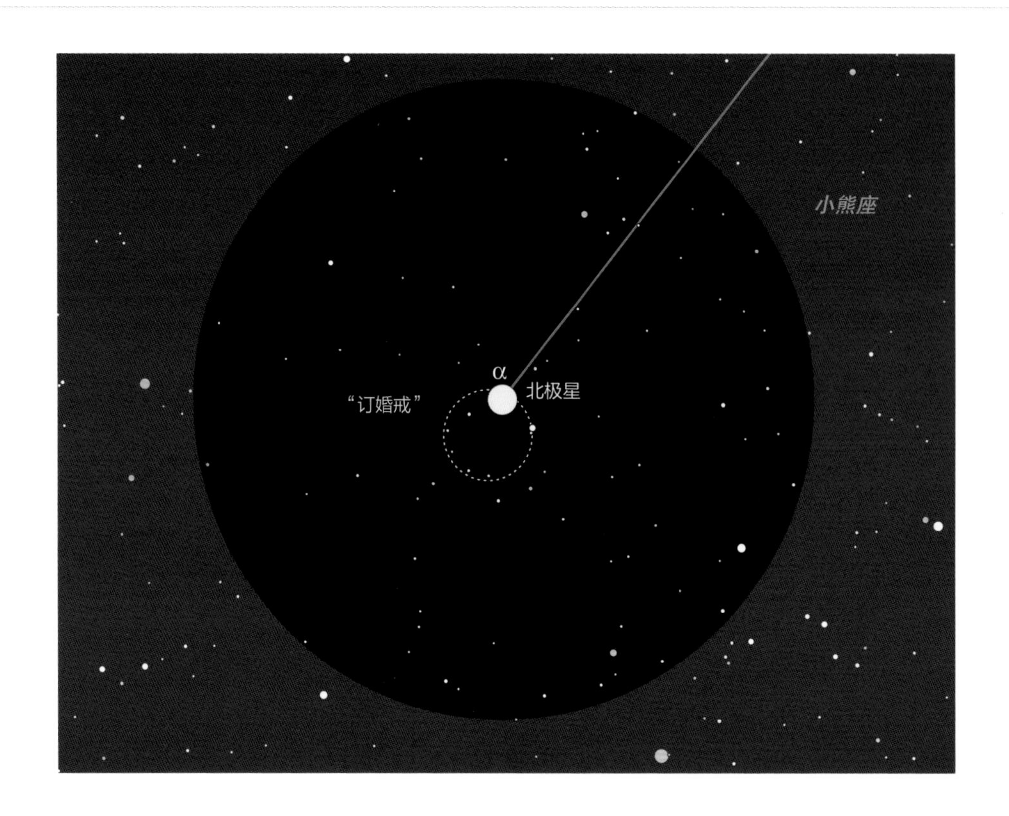

“订婚戒”

天空中充满了有趣的小星组，用双筒望远镜可搜寻到它们。几乎所有人都听说过狐狸座中的衣架星团，但无疑还有大量的星组有待你去发现。在大多数这些星组中，恒星之间实际上相距甚远，没有引力关系，但我们的眼睛和大脑有着无法抑制的从随机分布的点中构想图案的能力。毕竟星座也正是这么产生的。

小北斗中的“订婚戒”是特别迷人的星组之一，这个“星戒”包含一颗璀璨的2等星“钻石”——北极星。这个“星戒”是一个主要由8等、9等星组成的直径35角分的不规则小圈，相对于北极星在小北斗斗勺相反的那一边。如果天空条件足够好，几乎用所有口径的双筒望远镜都能看到它。

“订婚戒”接近北天极，对北半球的观星者来说在一年中的每个夜晚都可整夜看见它。亲自去看看吧。

高倍率的力量

梅西叶星表中最易见的星系中有两个高悬于北天：M81 和 M82，这对星系很适合用来展现高倍率的力量。在郊区的天空条件下，我分别用 3 架双筒望远镜来观察这对星系，每架的倍率都不同（如前文所述，双筒望远镜规格的第一个数字代表放大倍数，如 10×50 的倍率就是 10）。用 7×50 双筒望远镜只能看到两个星系中较亮的 M81。更高倍率的 10×50 双筒望远镜可以容易地看到 M81，但只是有时能瞥见 M82。15×45 双筒望远镜的观察效果是目前为止最好的，不但两个星系都容易被看到，我还可以根据大小和方向来分辨它们，尽管这架 45 毫米口径的双筒望远镜收集到的光比其他两架略少。高倍率可以得到更大的图像，提高低反差目标的可见度，在任何天空条件下都更容易搜寻到暗目标。

想象中的M101

观察夜空获得的许多乐趣来自我们的内心，大熊座中的 M101——正向对着我们的旋涡星系——正是个合适的例子。从著名的开阳双星（北斗斗柄中间的那颗星）向正东，沿着一条由 5 等星构成的不规则折线容易找到这个星系的位置。在黑暗的天空条件下，在 10×30 稳像双筒望远镜中 M101 呈现为一个小而暗淡的圆形光斑。在不太好的天空条件下，如我的有光污染的郊区后院，即使用更大的双筒望远镜也难以看到它。但是只注意它的外观则会漏掉重要的东西，对于无论是从双筒望远镜还是从天文望远镜中观察到的其他目标来说，这句话都是对的。

单纯从视觉上欣赏天空中的奇观只是我们追逐深空目标的理由之一，另一个理由是思考所看目标而产生的愉悦。在你下次用双筒望远镜看 M101 时请设想一下：那小小的暗淡光斑是由几千亿颗远在约 2 200 万光年以外亮度减弱到非常暗的恒星组成的。也可以换位设想，从 M101 中的某颗恒星轨道上的一颗行星上看，比 M101 更小的银河系会显得更不起眼。太阳在白昼的天空中是如此明亮，以至于要理解将它（以及银河系中的无数“兄弟姐妹”）的光芒减弱到如此难以置信的程度的遥远距离并不容易。但这也稍微有助于我们理解 2 200 万光年究竟有多远，这一切缘于视角的变换。

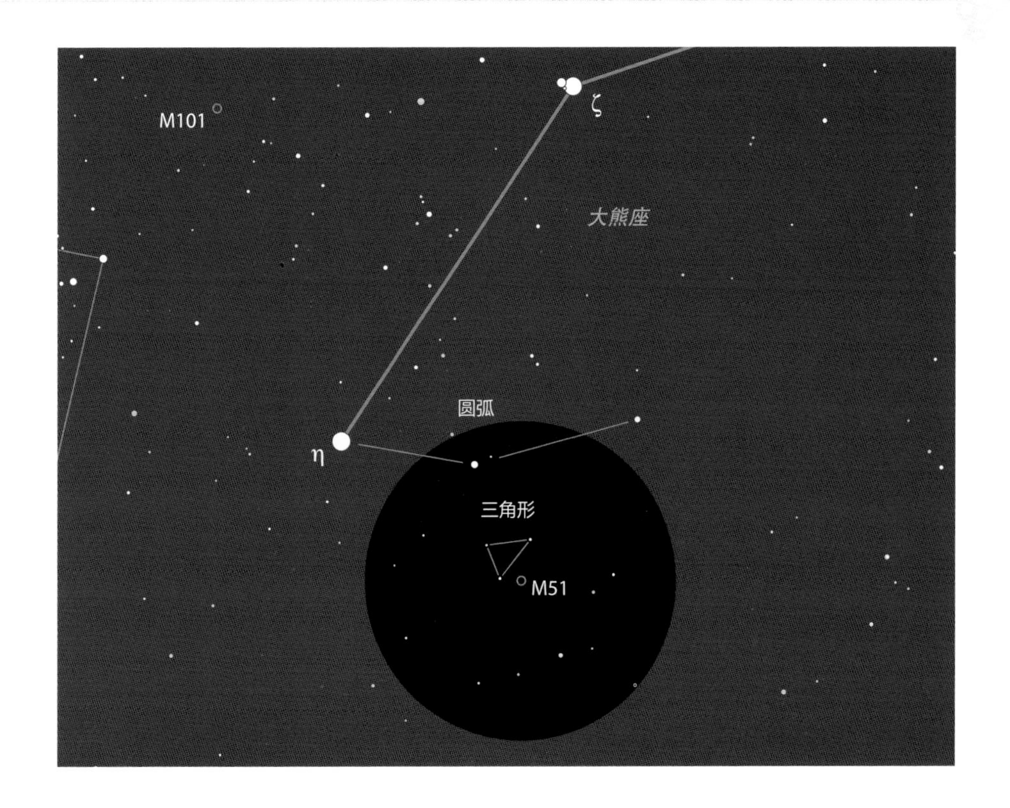

用星桥法找到M51

星系对于双筒望远镜观星者来说属于最有挑战性的深空观测目标类型之一。绝大多数星系都是小而暗的，但也有一些星系虽然小但比较亮。找到它们的诀窍是认真运用星桥法，即从一个已知的起点开始，逐步到达目标的精确位置，这需要细致规划和认真执行。

位于北斗斗柄下的 M51 是个很适合测试星桥法的星系。首先在一张详细的星图（如上图）上规划你的路线，从一颗容易找到的恒星开始，如北斗斗柄末端的大熊 η，接着在场星之间画出三角、直线之类的图形来引导你完成余下的路程。例如，我总会先看到一段由 3 颗恒星连成的宽度约为一个普通双筒望远镜视场的圆弧，大熊 η 是该圆弧上的第一颗星。然后，在圆弧中间的那颗星下面寻找一个由恒星组成的小三角形，一旦找到就只需记住 M51 相对于它的位置就行了。请尝试一下这条路线，如果你能认真使用星桥法就会看到一个小光斑状的星系，这是你出色运用星桥法的奖励。

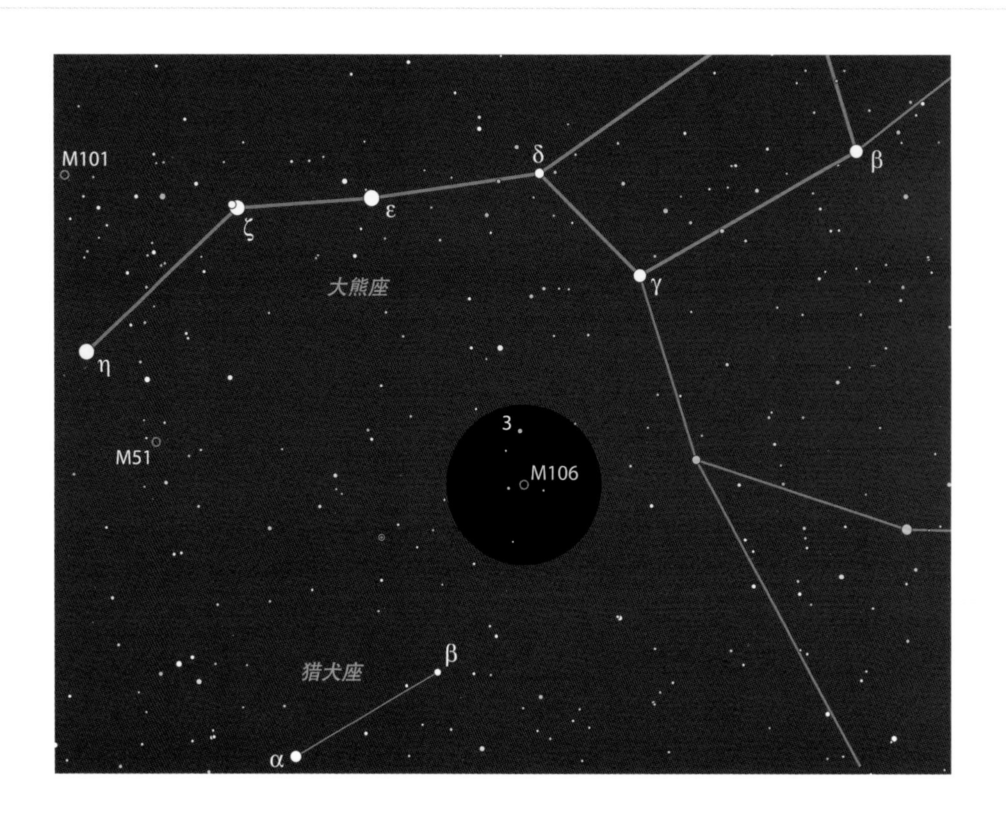

星系的季节

北半球的春天是星系的季节。银河贴着地平线，可以拥有一个观看银河系之外宇宙的开阔视野。南至明亮角宿一的下方、北至天龙座的这一带天空中到处都是遥远的岛宇宙。对于北半球中纬度的观星者来说，晚上几乎在头顶正上方的 M106 是其中的最佳代表之一。这个旋涡星系位于北斗斗柄下方的猎犬座中，比组成这个小星座的群星远 2 200 万光年。

要寻找 M106，应将双筒望远镜对准猎犬 β 和大熊 γ 间的中点。视场内有一颗橙色的 5 等星猎犬 3，M106 位于其正南 1.7°，M106 东边仅 0.5° 还有一颗 6 等星。在黑暗的天空条件下几乎所有双筒望远镜中的 M106 都会是一个小光斑。天空条件不太好时，观星者可能至少需要 50 毫米口径、10 倍以上的双筒望远镜才能隐约看见这个星系的季节中的最佳目标之一。

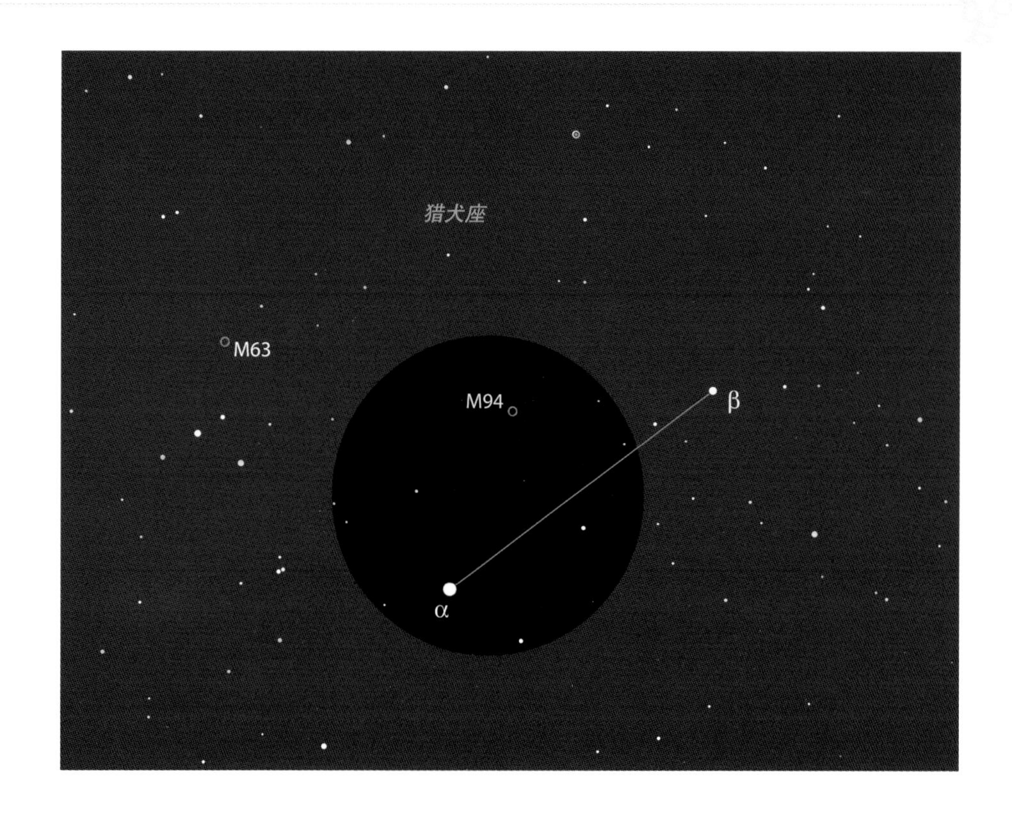

星系 M94：稳定观察

最近我用一架配有标准 7 × 50 寻星镜的天文望远镜观察了少数星系。我转动镜筒使得从寻星镜中能看到猎犬 α，尽管天空中有光污染，M94 这个 8.2 等的星系目标在那颗 3 等星的西北 3°，明显可见。我对如此容易地找到它感到意外，因为之前的几个夜晚我曾用 10 × 50 双筒望远镜寻找它，发现相当困难。今夜的天空条件真比以往好很多吗？出于好奇，我找出双筒望远镜，想用它再看一次 M94，结果发现寻找它仍然是个挑战。这是什么原因呢？

10 × 50 双筒望远镜因为倍率更高并可以双眼一起看，因此观察效果理应比寻星镜更好。但寻星镜有一个巨大优势：被稳固地安装在稳定架设的天文望远镜上，而双筒望远镜则是手持的。稳定观察就是这样重要。

有些方法可以使你的双筒望远镜避免抖动。照相机三脚架和双筒望远镜专用支架十分有用，将双筒望远镜斜靠在栅栏或其他物体上也会有帮助。到目前为止你应该注意到我在观察中经常使用稳像双筒望远镜，在我看来它既可以稳定观察，又省去了增加额外设备的麻烦。

下次晴朗的时候不妨去观察 M94 及其附近 8.6 等的 M63，亲眼看看稳定观察是多么重要。试一试在有支撑和无支撑下观察这两个星系，我想你会注意到有支撑和无支撑的巨大差别。

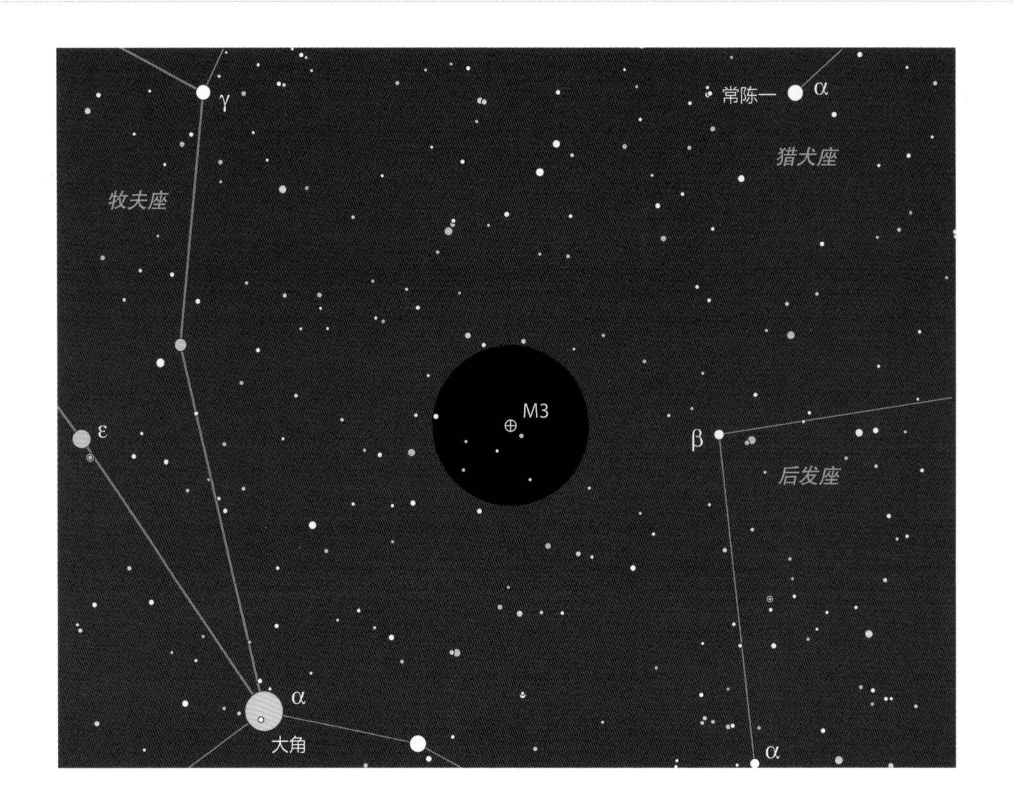

球状星团 M3

自然爱好者们注意到季节的更替不只是表现在日历上，也可以通过观察每年中的种种重复现象来了解。对我来说，当由狮子座、室女座和后发座组成的星系天区开始将天空转交给与夏天联系在一起的明亮球状星团时，北半球的春天看来就要结束了。M3 是这些球状星团的先行者，4 月—5 月入夜后已经在东方升得很高了。

用双筒望远镜扫视大角与常陈一（猎犬 α，位于北斗斗柄之下）间的中点略偏大角这边的区域则很容易找到 M3。M3 位于一颗和它亮度相似的恒星东北不到 0.5°，发出朦胧的 5.9 等光亮。

如果你的双筒望远镜对焦准确，M3 会呈现明显的模糊状，与它的邻近恒星形成鲜明对比。望远镜倍数越高，两者间的差别就变得越明显。我通常从灿烂的大角星开始扫视寻找 M3，这也许是我总觉得这个球状星团属于牧夫座的原因（事实上它属于星座分界线另一边的猎犬座）。

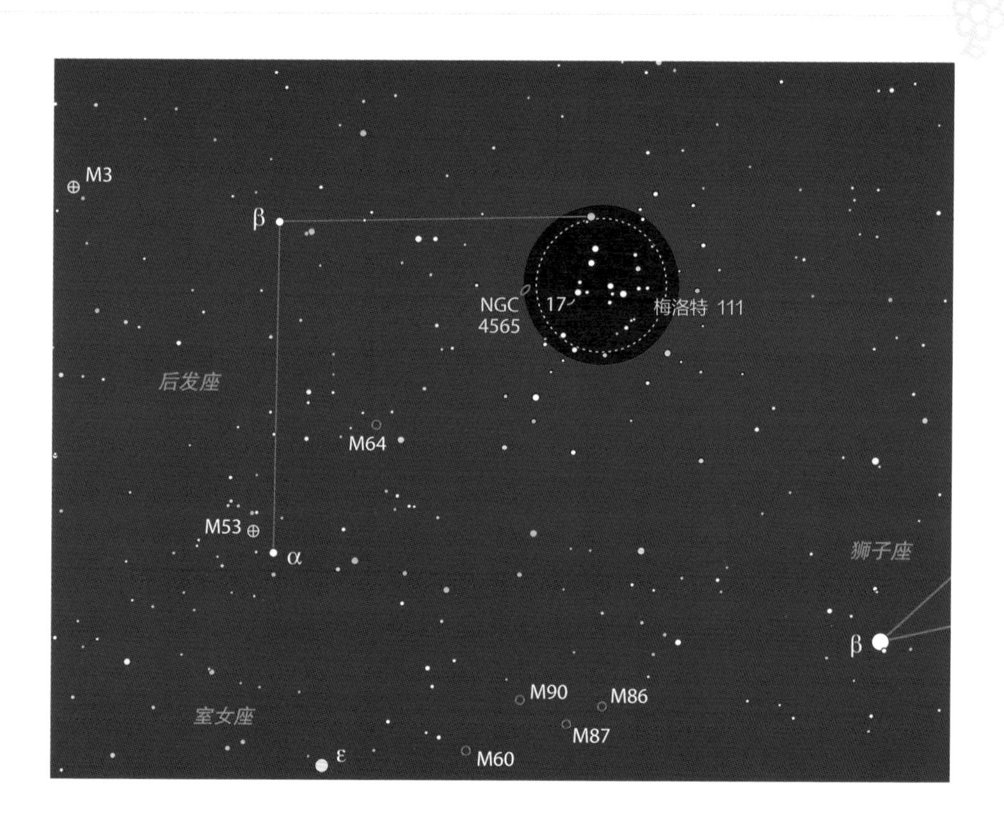

梅洛特 111 内外

疏散星团间的视直径相差很大，最小的呈现为微小光斑，最大的则是点点星光散布在几度宽的天空范围内的醒目目标。梅洛特 111 就属于后者，它占了后发座的很大一部分。这个星团因接近我们而看上去如此之大，它是离我们最近的疏散星团之一，距离只有 300 光年。在黑暗的夜晚用肉眼看梅洛特 111，就如同用天文望远镜看典型的疏散星团一样。在双筒望远镜中可以看到它的填满视场的 20 多颗 8 等以上的恒星。

鉴于春季的星星相当稀疏，这样一个多星的双筒望远镜观测天区是值得仔细观赏的。注意后发 17 这对美丽的双星，其 5.3 等和 6.6 等的两颗子星相距 145″，用任何双筒望远镜都容易分解。

梅洛特 111 位于春季星系区域的中心，如果天空黑暗，你可以在附近瞥见一两个潜藏的星系。试一试能否看到 NGC 4565，它位于后发 17 东边 1.5°，是梅洛特 111 附近最亮的星系（10.3 等）。

牧夫座的 3 对双星

牧夫座不是双筒望远镜观星者花很多时间探索的星座。这并不奇怪，因为在 109 个梅西叶天体中，属于牧夫座的一个也没有。如果牧夫座中没有明亮的星团、星系或星云，那么有什么可以看的呢？答案是双星。在牧夫座的东北部可以找到 3 对引人注目的双筒望远镜双星，它们可以连成一条直线。

3 对双星中最好找的是牧夫 δ，然而这对也是其中最难分解的。δ 星属于两子星的角距之大超出分解的需要，但亮度相差很大的那种双星类型。两子星相距 104″，因为紧挨着 3.6 等的金黄色主星，7.9 等的伴星就不易被看到了。尽管如此，用 10×50 双筒望远镜找到伴星之后还是明显可见的。

将双筒望远镜从牧夫 δ 向北略偏东方向移动一个多一点的视场大小，便可以看到牧夫座中最漂亮的双星——牧夫 μ。这对双星的两子星的角距和牧夫 δ 差不多，然而其中的伴星有 6.5 等，在 4.3 等的主星附近容易被看到，伴星自身是一颗可用天文望远镜观测到的双星。用 10×50 双筒望远镜可看到牧夫 μ 的主星呈轻微的蓝色。

我们的牧夫座双星之旅的最后一站是明亮的大角距双星牧夫 ν。两颗子星都是 5 等星，相距大于 10′。然而，使它们具有吸引力的是颜色对比。我看到南边的子星 ν^1 是橙色的，它的“邻居” ν^2 则是淡蓝色，像是以色彩对比而著称的天鹅座双星——辇道增七的一个角距更大、亮度更暗的版本。

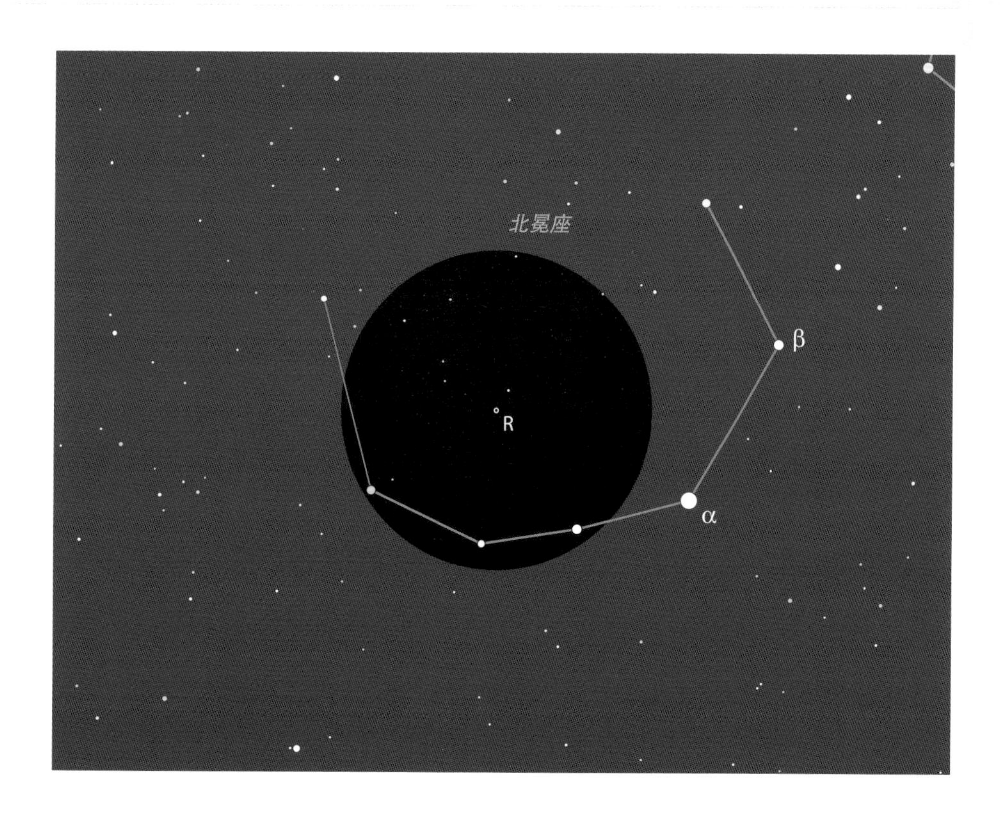

北冕 R 的消失

北冕座中本不起眼的一颗 6 等星时常发生一种奇特的现象。这颗星开始逐渐变暗，起初几乎难以察觉，之后迅速变暗，1 个月之后暗到用双筒望远镜无法看到的程度。然后，这颗星和消失时一样又迅速地出现了。6 周之后它再次达到肉眼刚好可以看到的亮度，就像什么也没有发生过一样。这就是北冕 R 变星的典型的无预兆变化。

许多恒星都会经历周期性的亮度变化，但北冕 R 是一颗不寻常的变星。它可以在数月甚至数年内保持 6.0 等的亮度，然后突然降到 14 等甚至更暗。这一过程被认为是因恒星大气中的碳尘凝聚所造成的。几周或几个月之后，这些遮光的物质散去后恒星就又恢复到了其正常的亮度。

追踪北冕 R 的亮度只需要一点时间，为什么不在每次开始用双筒望远镜观星时记录它的亮度呢？你永远不会知道它下一次消失的时间。

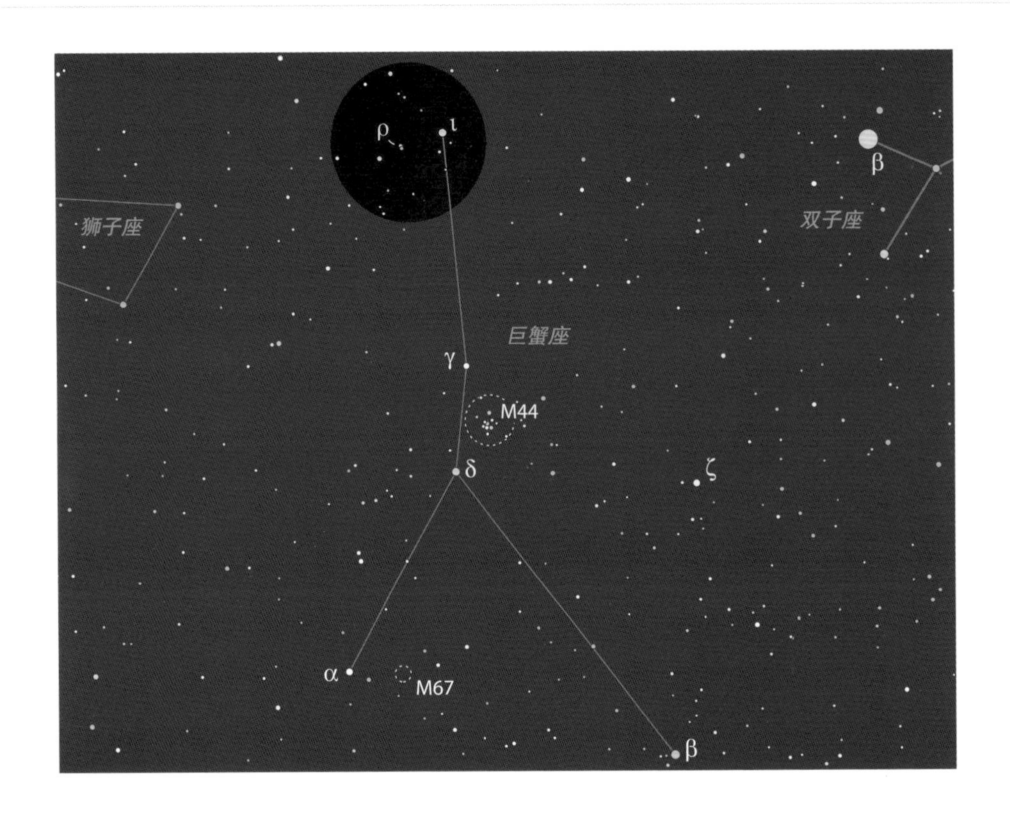

巨蟹座的两对双星

即使是性能很好的双筒望远镜在倍率和分辨率上也比不上小型天文望远镜。然而，这并不意味着在使用支架或电子稳像功能的情况下双筒望远镜不能用来观察双星，而只意味着目标被限定为角距大的明亮双星。幸运的是这样的双星有不少。在巨蟹座的北部就有这样两对可以同时纳入双筒望远镜视场的双星，其中一对容易观测，另一对则困难些。

容易观测的一对双星是巨蟹 55 与巨蟹 53，合称为巨蟹 ρ。巨蟹 55 是最先发现拥有系外行星的恒星之一，现在知道它有 5 颗行星。用任何双筒望远镜都能看到这两颗角距高达 278″ 的 6 等星，它们的亮度分别为 5.9 等和 6.3 等。这种轻微的亮度差别不容易感觉到，特别是在低倍率的情况下。你能辨别出其中哪一颗更亮吗?

巨蟹 ρ 向西 1° 多一点是难以分辨的巨蟹 ι。它难以分辨有两个原因：首先，两子星的角距只有 30"，正好是 10 倍双筒望远镜的分辨力极限；其次，双星中主星的亮度是 4.0 等，而伴星只有 6.5 等，亮度相差 10 倍之多。这两个因素结合起来就使得分辨巨蟹 ι 成为一个挑战。我用 10 × 30 稳像双筒望远镜可以勉强看到伴星，多数时候它看上去像光学系统造成的一个主星的小幻影，易被忽略。用 15 × 45 稳像双筒望远镜从主星的光芒中分辨出伴星并不太困难，所增加的 5 倍确实很有帮助。

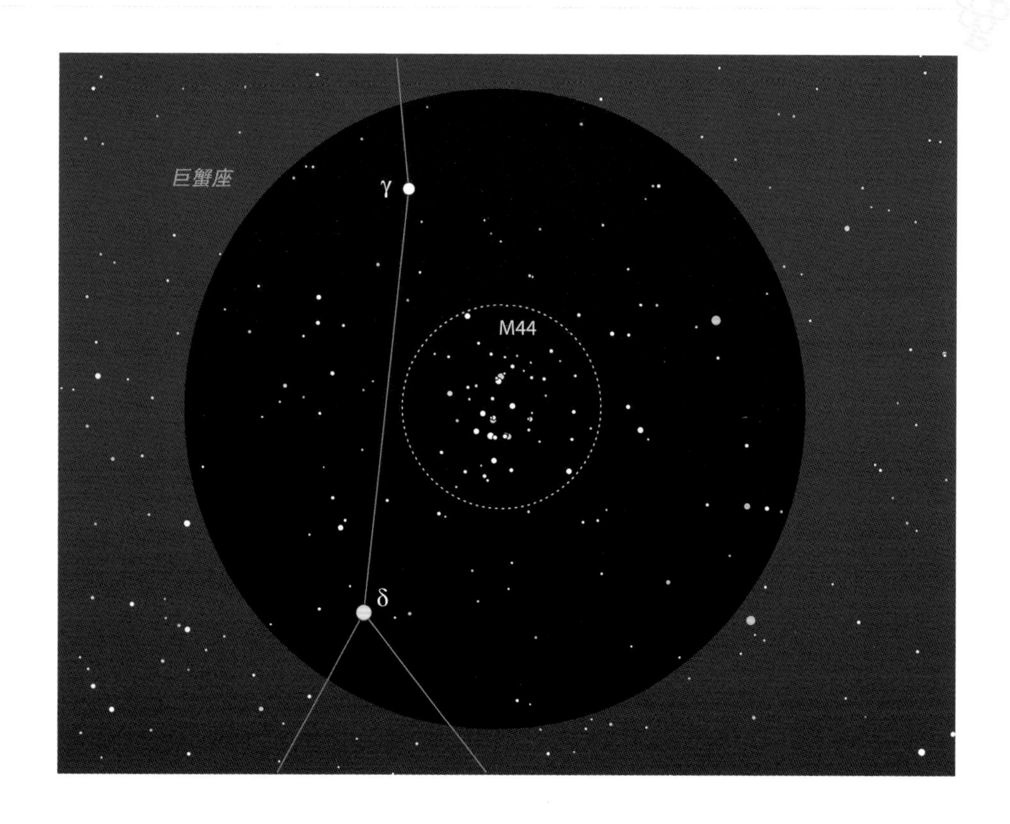

蜂巢星团

虽然巨蟹座是一个暗淡的星座，但它包含了北天最佳的双筒望远镜景观之一，即M44，也称蜂巢星团。对于受城市环境所限的双筒望远镜观星者来说，M44是个绝佳目标。星团中最亮的10颗星都在7等以上，均匀地分布在1°多的天空范围内。稳定地握住10×50双筒望远镜留心观察，可以辨认出另外的10多颗星。M44是一个令人难忘的景观，因其周边相对少星而使得其自身更加引人注目，与那些即将西沉的冬季星团不同，它没有位于银河多星的背景之上。

每当我观察这个星团就会看到像乌鸦座迷你版的一个不规则四边形，周边围绕着一圈星星。我觉得它的整体外观更像是一只天蟹而不是蜂巢，不规则四边形像身体，周围的星星像蟹腿和蟹螯的尖端。在星空中勾画图案是再容易不过的，也许我的想象只是来自星团与其星座之间的潜意识联系。

M44位于黄道上，因此月球和行星经常从附近经过。当它们经过时，用双筒望远镜观察这些太阳系天体的夜间运动将会看到一场激动人心的演出。

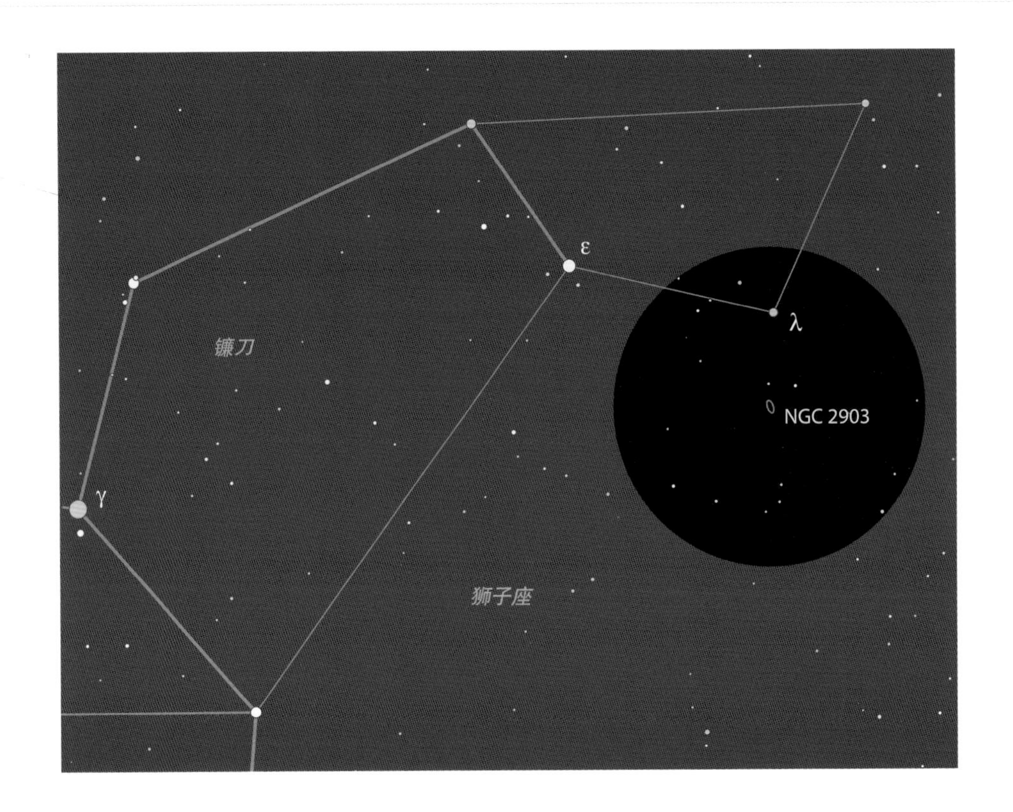

访问 NGC 2903

每当银河贴着地平线，也就是每年这个时节的深夜，我们就有了一个观察银河系外宇宙的开阔视野。我们能看到什么？很多的星系。的确，翻阅 NGC 或梅西叶星表会看到大多数的深空天体都是星系。它们因为遥远而暗淡，结果这些遥远的岛宇宙中只有少数是有趣的双筒望远镜观测目标。靠近狮子座镰刀部分的 NGC 2903 就是其中一个鲜为人知的一个目标。

用 10×50 双筒望远镜观测，NGC 2903 是 4 等星狮子座 λ 南边 1.5° 的一个小光斑。它看似平淡无奇，但实际上不是这样。设想一下，依靠最简陋的光学器材的帮助，你可以穿过前景中的恒星，越过遥远的 2 000 多万光年，看到由亿万颗恒星的点点光辉汇成的集合。由于难以想象的遥远距离，它减弱为一个 9 等的亮斑。无论是用肉眼、双筒望远镜还是巨大的天文望远镜观察，这种认识在天文观测中都非常重要。

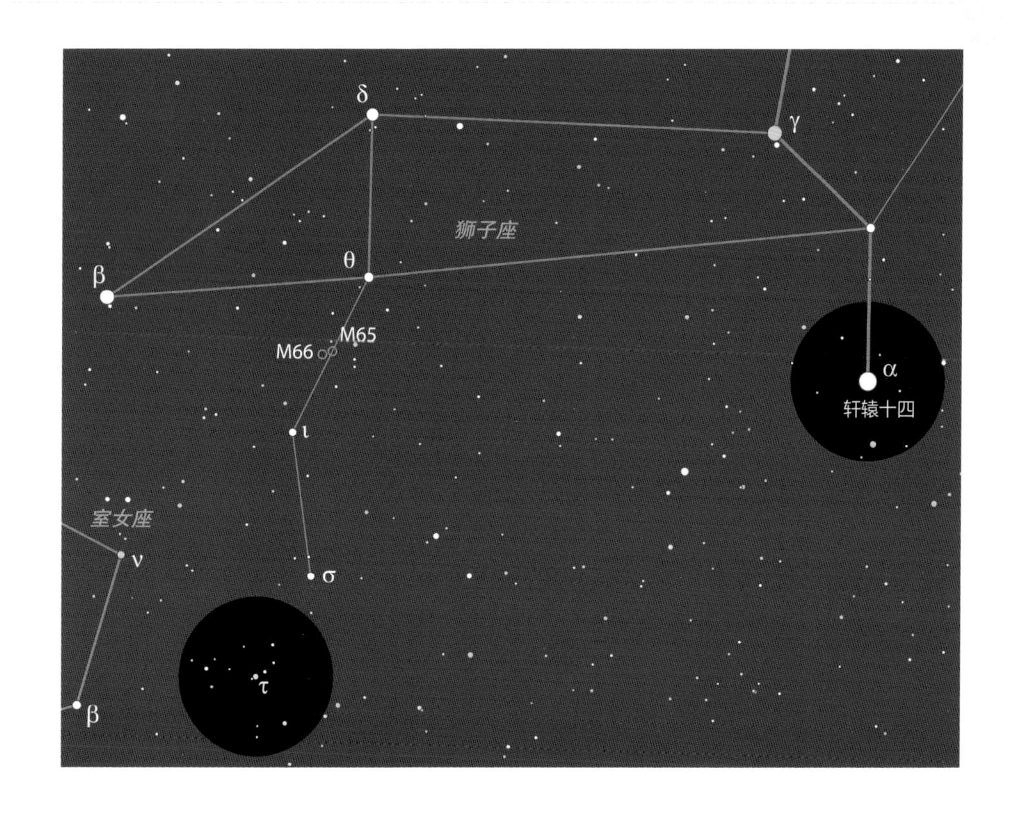

狮子座的两对双星

当提到适合普通双筒望远镜观察的双星，有两个因素严重限制了候选者的数量。首先，两子星要比较明亮；其次，它们的角距也要足够大才能在低倍率下被分解。狮子座有两对双星符合这两个标准——轩辕十四和狮子 τ 。

和北极星一样，轩辕十四（狮子 α ）也是一颗很多观星者在得知其为双星后会感到惊奇的著名恒星。两子星相距足够远（176″），所以容易分辨，但因为8等的伴星靠近1等的明亮主星，所以不太容易看到伴星。尽管如此，如果天空不是非常亮，用10×50双筒望远镜看到轩辕十四西北的伴星不会太难。

分解狮子 τ 就容易多了。尽管这对双星的角距只有轩辕十四和它的伴星的一半，但是没有那么大的亮度差。真正困难的是找到这对双星，最容易的路线是沿折线前进，每次大约移动一个双筒望远镜视场：从狮子 θ 开始，一路大致向南到 ι 星，再到 σ 星，最后到达 τ 星。

狮子 τ 这对双星中7.5等的伴星位于5.0等的主星正南，相距较远（89″），这使得它在任何双筒望远镜中都容易被分解。这对双星还位于一个由6等、7等星组成的有趣小星组中，这使它更加动人。

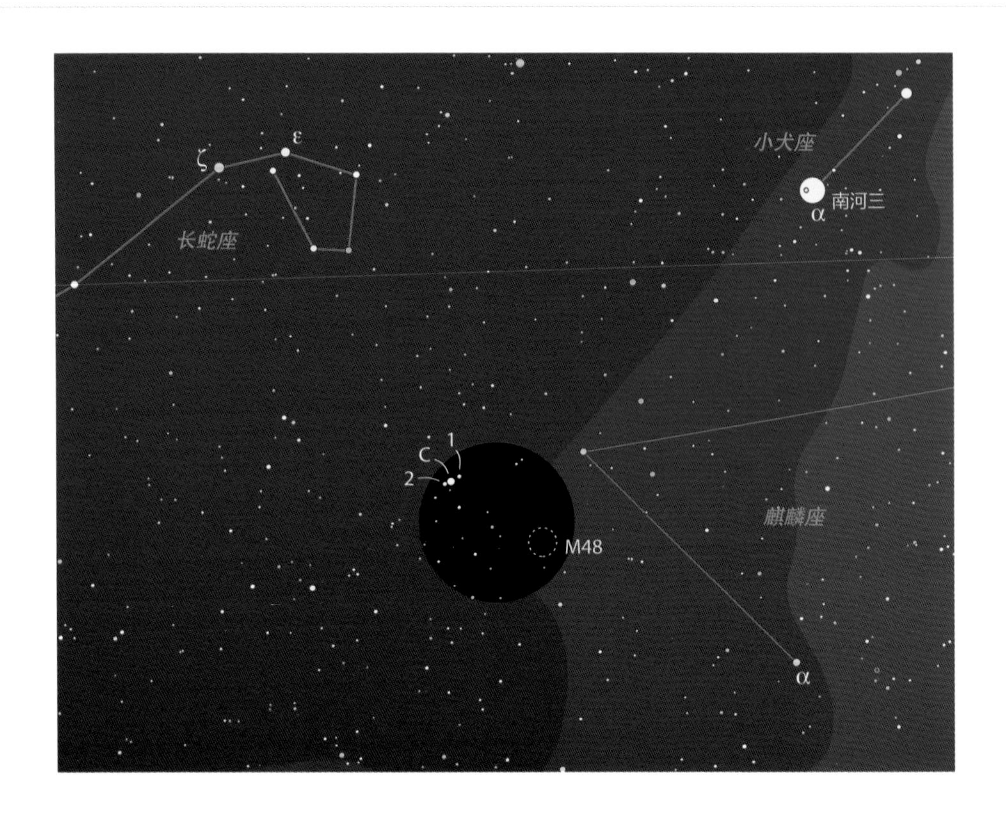

长蛇座的M48星团

因为西边有众多的耀眼亮星，长蛇座和麒麟座之间的区域经常被人忽略也是不奇怪的。这个天区中的M48——长蛇座中最有趣的双筒望远镜观测目标，也不广为人知。事实上M48周围的天区是如此少星，以至于梅西叶在编写深空星表的时候把这个星团的位置记错了5°。

寻找M48的最简单方法是先找到长蛇1、2、C组成的小三合星，M48就在它的西南3°。在明亮的郊区天空中，M48是一个即使被定位到视场中也不易看到的目标。使用10×50双筒望远镜时必须仔细观察才能从有光污染的天空中辨认出它。它呈现为一个圆形光斑，其中有一两颗星若隐若现。

如果天空明亮，高倍率正好发挥作用。用15×45稳像双筒望远镜观察确实有意想不到的提升效果，M48从云雾状变成了由十几颗可以分辨的恒星组成的美丽星团。如果你的天空比我的更暗，用10倍双筒望远镜也可以观察到类似的景象。

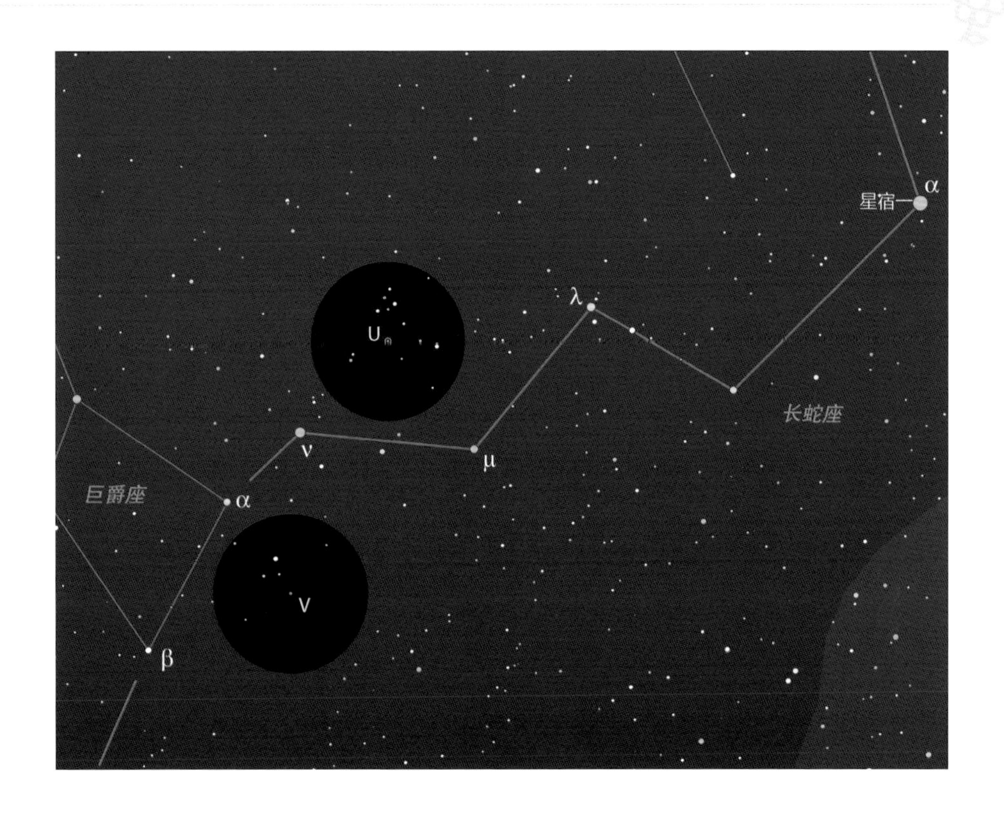

长蛇 U 和 V

碳星是天空中颜色最鲜明的恒星。它们是像参宿四和心宿二一样的红巨星，因为其大气中碳的高丰度而显得更红。富含碳的分子会起到红色滤镜的作用，阻止恒星发出的短波（蓝色）可见光通过。

最亮的碳星之一位于狮子座南边的长蛇座中。参见上图，从星宿一（长蛇 α）开始，小心地沿着长蛇的折线向东移动，直到对准长蛇 μ 和 ν 连线的中点。从该点向北 3° 会看到长蛇 U ——一颗发着橙色光芒的 5 ~ 6 等恒星，附近有一条由 6 等、7 等恒星组成的迷人曲线。试着将双筒望远镜轻微散焦，星光发散通常可以使恒星的主色更加明显。

长蛇 U 向南略偏东大约 8° 有另一颗碳星——长蛇 V。在近些年，它是一颗亮度 6 ~ 10 等、周期大约 550 天的变星。在我看来长蛇 V 比更亮的 U 星红得多，你看是不是这样？

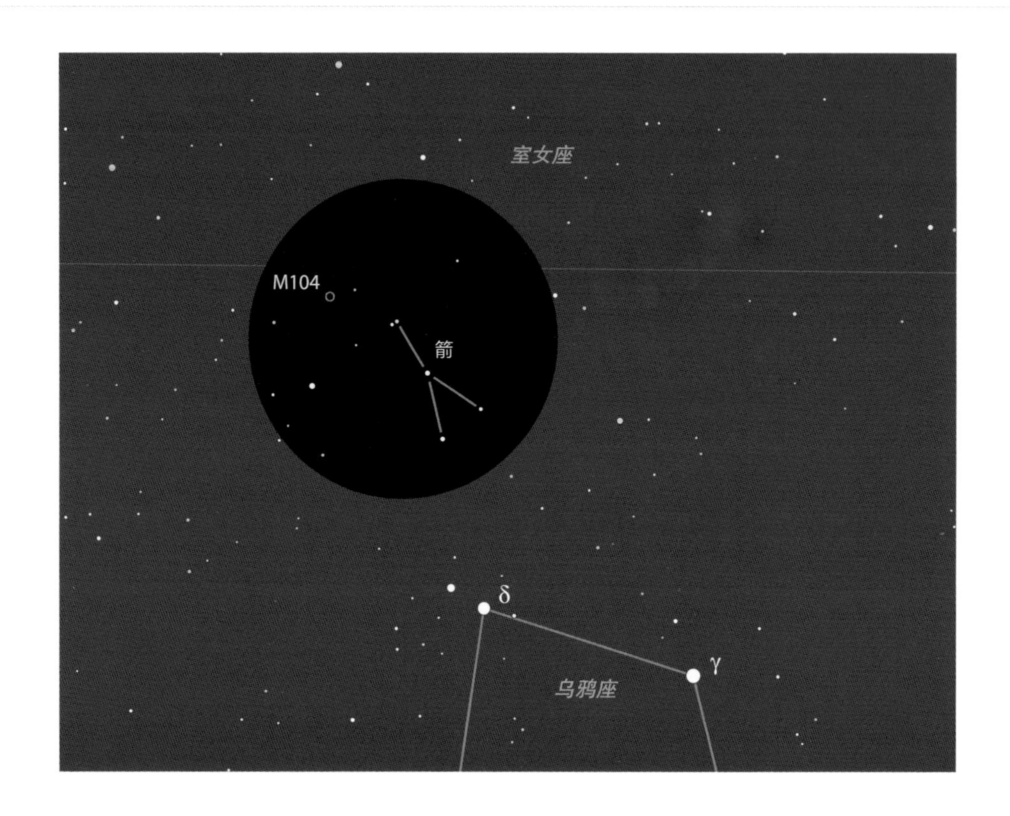

M104 和远方

“用它可以看多远？”曾将天文望远镜中的夜空景观展现给公众的人大概都不止一次听过这样的问题。天文望远镜会引发能看多远的想象，但即使一般的双筒望远镜也可以满足看得很远的愿望。

那么用双筒望远镜可以看多远呢？可惜没有一个简单的答案。但是考虑到宇宙中更远的天体会更暗，所以可以说如果天空越暗、双筒望远镜越好，你就可以看到越远的天体。可以轻松看到的仙女星系（M31）离我们有 250 万光年。一般来说，用双筒望远镜可以看到的最远天体是我们的本星系群之外的其他星系，包括室女座的草帽星系 M104。

虽然 8 等的 M104 属于最亮的梅西叶星系之一，但想在典型的郊区天空中看到它也是一项挑战。用 10 × 50 双筒望远镜观测，星系中的上千亿颗恒星合起来不过是个有点模糊的微小光点。最容易找到它的路线是从乌鸦 γ 开始，沿着一串 7 等星向东北 5°，你会找到一个箭形的小星组，箭头指向了 M104 略偏西一点的位置（注意不要把附近的一对暗弱双星和 M104 相混淆）。

虽然 M104 在双筒望远镜中没有视觉冲击力，但是观看它意味着你看到了 2 800 万光年以外的宇宙。下次有人问你的双筒望远镜能看多远时就可以回答了。

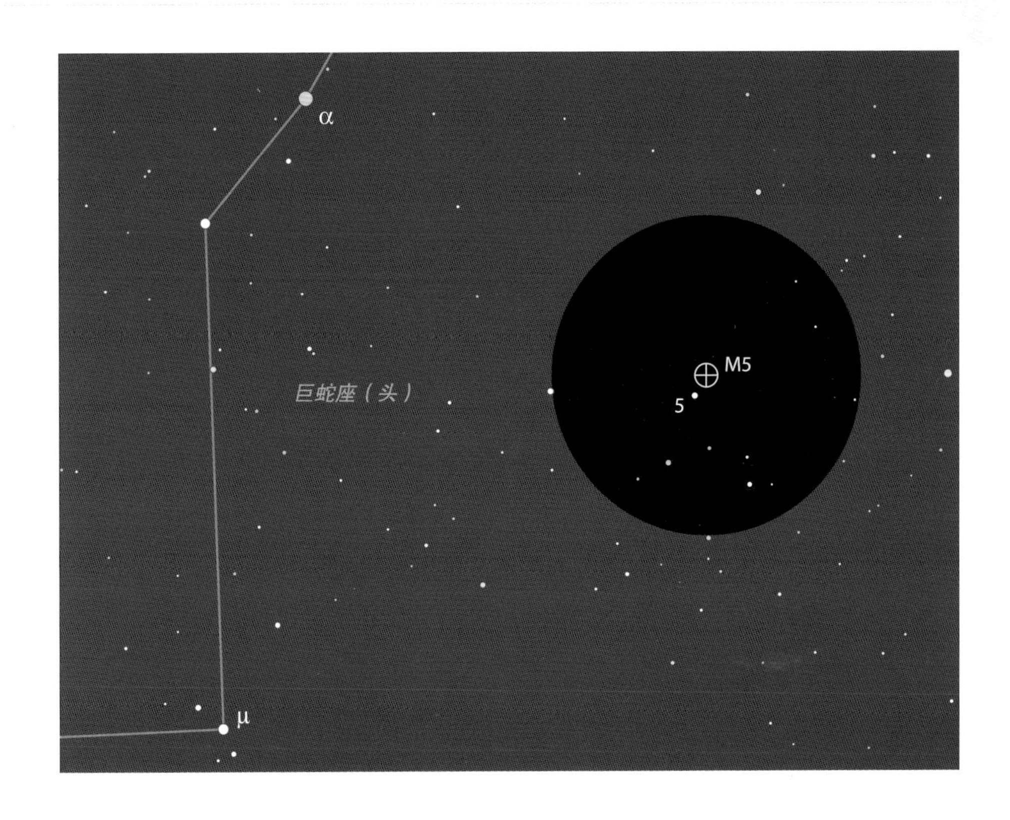

古老的球状星团 M5

明亮的球状星团是天文望远镜中最壮观的景象之一。可惜除了其中极少数目标，它们在普通双筒望远镜中确实不会给人留下太深的印象。问题在于分辨率，双筒望远镜因为物镜小和倍率低，没有足够的能力分解这些结合紧密的星团。即便如此，你仍然可以享受搜寻到目标时的激动和观察时静思的快乐。

位于巨蛇座头部的 M5 是天空中的最佳球状星团之一。尽管附近没有肉眼可见的明显标志物，但这个星团可以因其明亮而足以靠扫视附近一带而找到。它的星等是 5.7，的确是北半天球中最明亮的球状星团，在梅西叶星表的球状星团中仅次于人马座的 M22 和天蝎座的 M4 而排在第 3 位。我常常通过想象这个星团与巨蛇 α 和 μ 构成等边三角形来定位它出现的区域。

因为紧挨着 5 等星——巨蛇 5，对比之下 M5 的非星状在 10 × 50 双筒望远镜中明显可见。这个星团是一个显眼的小光斑，有一个几乎像恒星一样的明亮核心。听起来也许没什么感觉，但请记住：当你注视着这个球状星团的时候，所观察的是一个难以形容其有多么古老的天体——年龄很可能是我们地球两倍多的庞大星团。

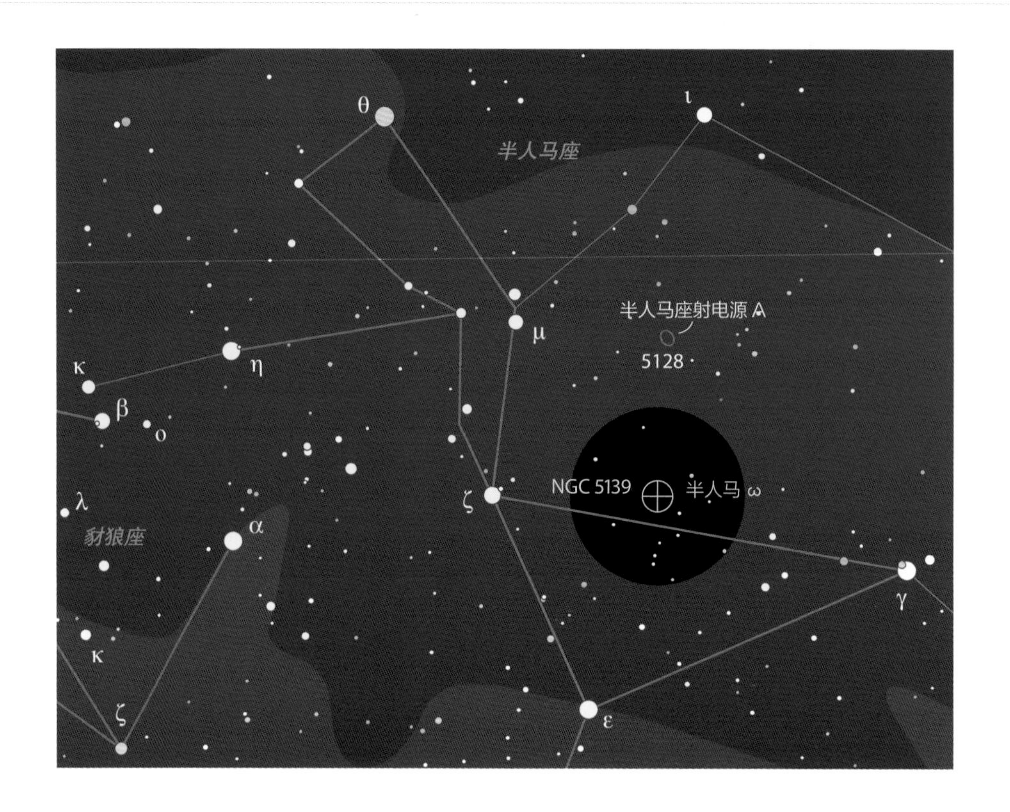

壮丽的半人马 ω

我们的银河系是超过 150 个球状星团的“家园”，这些球状星团中有少数是比较容易观测的双筒望远镜目标。对于用普通双筒望远镜观测来说，全天最佳的球状星团是半人马 ω，也被称作 NGC 5139, 约有 1 000 万颗古老的恒星，又大（直径 36′）又亮（3.9 等）。但对于本书的大多数读者来说，它有一个重大缺点——位置太偏南而不容易观察。

半人马 ω 的赤纬是 −47.5°，至少从理论上说最北在北纬 42.5° 的地区能看到它贴着地平线掠过。但这是真的吗？也许。它曾在加拿大的最南端（北纬 42°）被观测到（虽然不是用双筒望远镜）和拍摄过，这意味着在美国大陆的大部分地区也能看到半人马 ω。

在更南的地方，半人马 ω 是个绝妙的目标，即使是用 10 × 30 双筒望远镜观察也是个奇观。我在哥斯达黎加（北纬 10°）曾多次看到它。它是唯一的即使是双筒望远镜观星新手也能看出明显非星状的球状星团。具有讽刺意味的是半人马 ω 也许不是个真正的球状星团。如果近来的研究是正确的，这一大群恒星是被银河系吞并的一个矮星系在外部恒星被剥离后剩下的核心。

夏

6月 — 8月

60 天龙座
（ν）

61 武仙座
（M13）

62 天鹅座
（辇道增七、ο、μ、79、61、M39、B168）

67 天琴座
（织女星、ε、ζ、M57）

69 天箭座
（M71）

70 狐狸座
（M27、衣架星团）

72 天鹰座
（巴纳德的“E”字）

73 盾牌座
（M11）

74 巨蛇座
（IC 4756、θ）

75 蛇夫座
（NGC 6633、IC 4665、M10、M12、ρ）

79 天蝎座
（18、ν、M4、M80、M6、M7、伪彗星）

84 人马座
（M24、M17、M18、M8、M22、M28、M55）

行星状星云
球状星团
弥漫星云
疏散星团
变星
星系

关于星图：

本书中用3种不同比例尺绘制星图，大、中、小视野星图的极限星等分别为7.5、8.0和8.5。无论是哪一种星图，黑色圆形区域总是代表典型的10×50双筒望远镜视场。

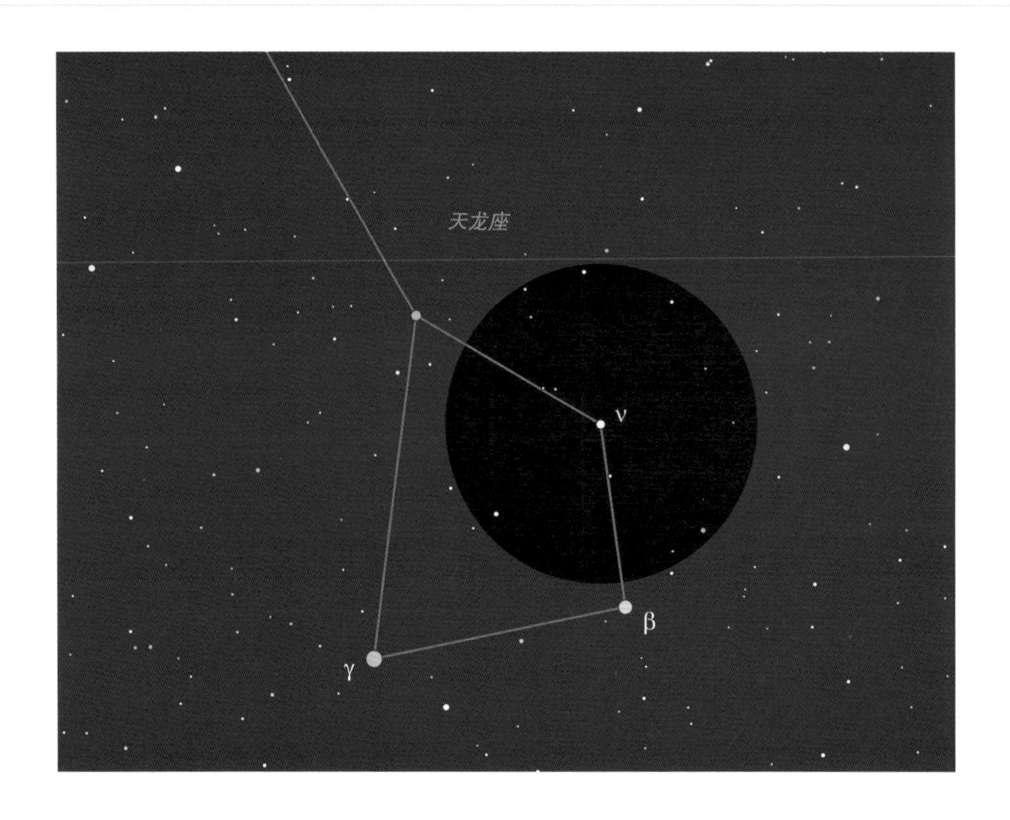

分解天龙 ν

天龙 ν 这颗可爱的双星位于天顶附近，它是组成天龙座头部的 4 颗星中最暗的一颗。用双筒望远镜观测，它是全天最美丽的双星之一，像孪生兄弟的两颗白色恒星被黑色的夜空背景微微分开。你能多清楚地看到这两颗星取决于双筒望远镜的分辨力和稳定性。

天文望远镜的分辨本领常常由道斯（Dawes）极限得出。依据道斯极限，50 毫米的物镜理论上刚好可以分解相隔 2.3″ 的双星，天龙 ν 的两子星相距 62″，应该很容易分解！但是道斯极限只在使用很高的倍率（远高于双筒望远镜的倍率）时适用。请仔细观察 ν 星，你会发现分解它要比道斯极限给出的结果难得多。

计算双筒望远镜分辨本领的一个更好的方法是用 300 除以倍率。例如，7 倍率双筒望远镜刚好可以分解相隔 43″ 的双星，这表明在此倍率下天龙 ν 虽然紧密，但可以分解。用 10 倍双筒望远镜分解天龙 ν 会容易得多，因为此倍率的双筒望远镜可以分解两子星亮度相同的、相距仅 30″ 的双星。

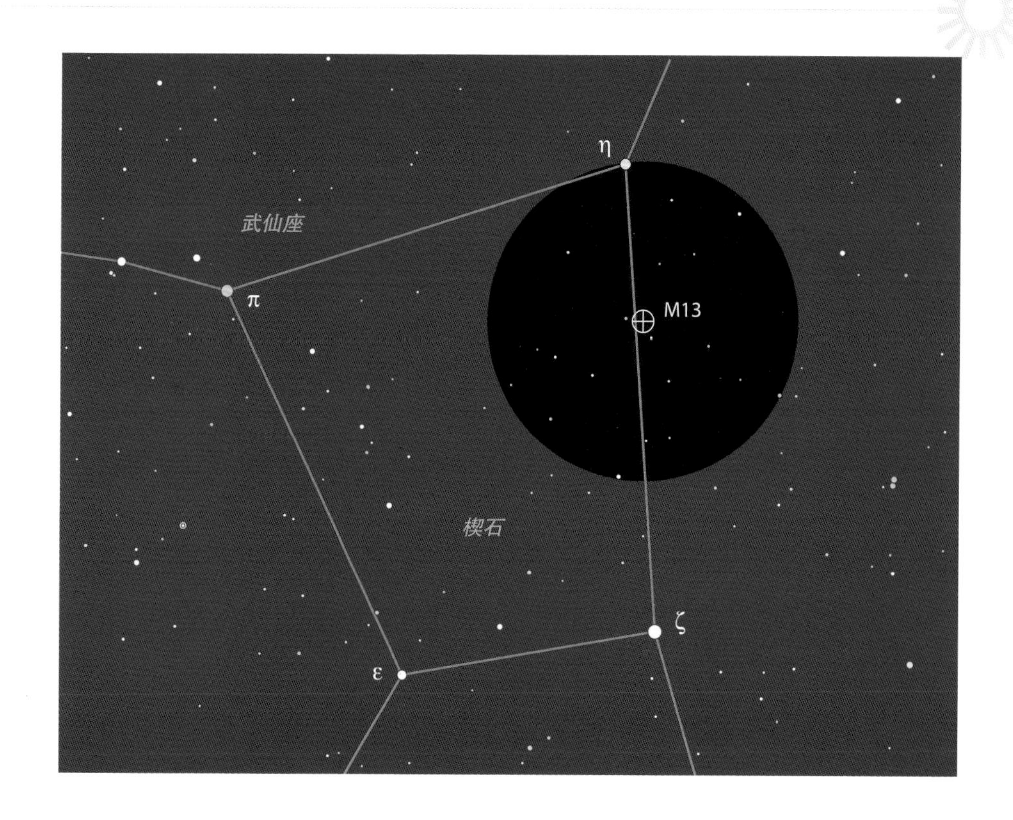

武仙大星团

武仙座的 M13 是位于天赤道以北的最佳球状星团之一（如果“之一”不能去掉的话）。虽然其他许多球状星团在北半球的中纬度上可见，一些星团用双筒望远镜观测可以说更有趣，但只有少数几个星团可以像武仙大星团那样易于定位。初夏时节，这个由 50 万颗恒星组成的星团从天顶附近经过，这对于用双筒望远镜观察来说喜忧参半。一方面，它不大可能被房屋和树木所遮挡；另一方面，你也许不得不躺在地上或者靠在躺椅上观察它以避免脖子酸痛。

寻找 M13 是件容易的事，只需将双筒望远镜对准从武仙 η 到武仙 ζ（η 星和 ζ 星是武仙座楔石 4 星中西边的 2 颗星）连线的大约 1/3 处。在黑暗的天空中，这个星团用肉眼勉强可见，但即使在郊区用一架最小的双筒望远镜找到它也不难。关键在于如何识别它，轻微的云雾状、像一颗永远无法对准焦的 6 等恒星表露了它的身份。这种云雾状会随着倍率的提高更加明显。即使用 7 倍双筒望远镜看，M13 也会呈现显著的非星状，而 15 倍双筒望远镜已经可以略微呈现它在天文望远镜中的壮丽景象了。

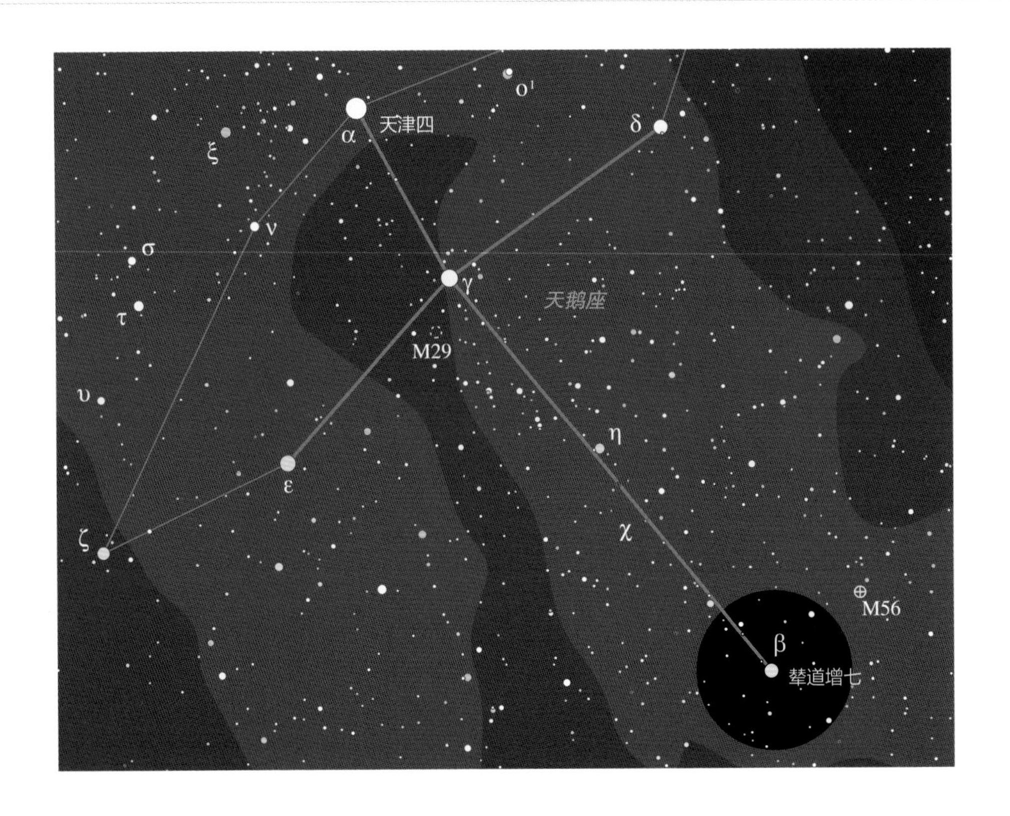

辇道增七，双倍快乐

全天可用双筒望远镜观测的最佳双星是哪个？这取决于很多因素，也许其中最重要的是你认为双星的魅力在哪里。有些观星者喜欢分解具有挑战性的紧密双星，有些人喜欢亮度不均衡的双星，还有一些人喜欢双星中的颜色搭配。夜空中至少有一对满足以上3个条件的明亮双星——天鹅座的辇道增七，它是一对紧密的、亮度不均衡的、色彩对比鲜明的双星。

辇道增七也被称作天鹅 β，因位于北十字底部而容易找到。这对双星因用天文望远镜可观测到两子星的鲜明色彩而闻名，不过它们的色彩在双筒望远镜中很微妙。我用 10×30 双筒望远镜只能看到一点色彩，然而用集光力更强的 10×50 双筒望远镜观测时，3.4 等的主星是迷人的金橙色，4.7 等的伴星是青白色。在多星的天鹅座银河背景上，用双筒望远镜看这对略带色彩的双星则令人愉悦。

当然，成功观测双星的一个关键因素是确保双筒望远镜被稳定地支撑。辇道增七的两子星相距 35″，尽管亮度不均衡，我用由三脚架支撑的 10×50 双筒望远镜和 10×30 稳像双筒望远镜来分解它们并不太难。低倍率就是另一回事了，当使用 7×50 双筒望远镜时，我从未确信看到的是两个光点。你呢？

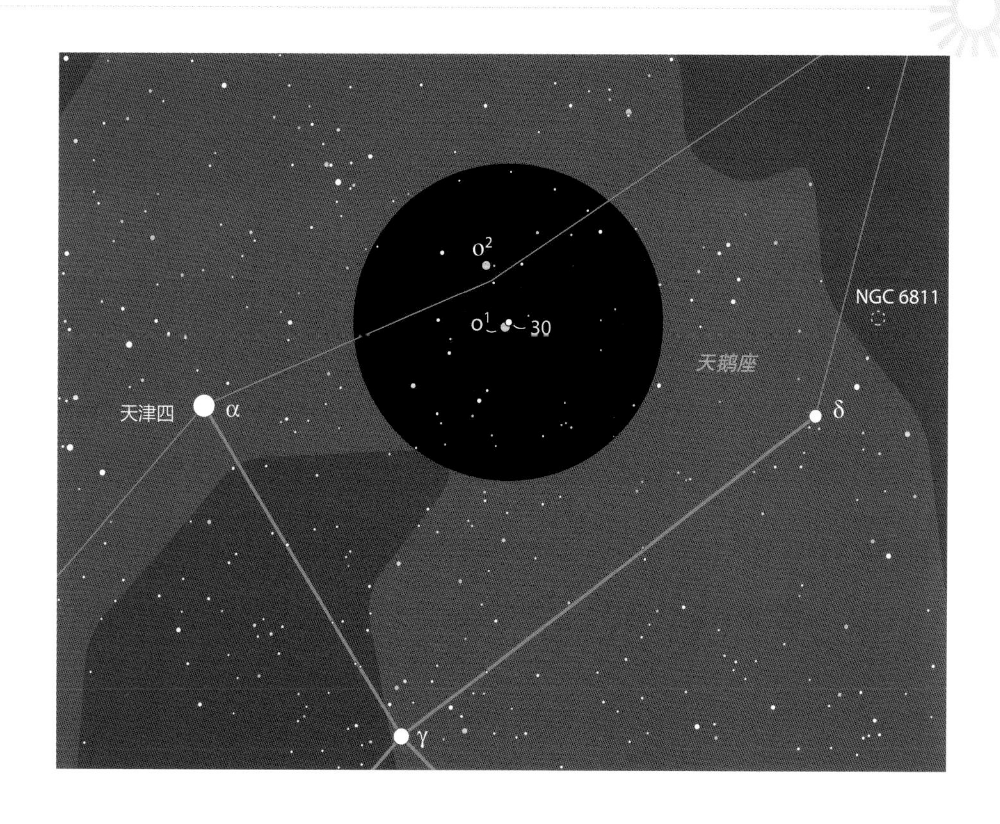

色彩分明的天鹅座三合星

在《天空和望远镜》杂志 2001 年 7 月号中，阿德勒列出了这个季节中最漂亮的 50 组双星以及观察它们的最适合的倍率。虽然双筒望远镜和双星观察不常联系在一起，但阿德勒的列表中仍有一些适合双筒望远镜观察的全天最佳双星目标。表中的确有 7 组双星的最佳观察倍率在普通双筒望远镜的倍率范围内，天鹅 o^1 三合星便是其中之一，现在正高悬在北半球中纬度的夜空中。

这组三合星中包含一颗金色的 4 等星（o^1，也称天鹅 31），与它的青白色的 4.8 等伴星（天鹅 30）远远分开。如果你对识别它们的颜色有困难，试着将双筒望远镜轻微散焦，这样可以散开星光，使微妙的颜色容易看到。

三合星的第 3 个成员是一颗 7.0 等的没有明显颜色的恒星，它几乎消失在了 o^1 的光芒之中。用稳固支撑的 10 倍双筒望远镜可以看到全部 3 颗星，但 7 倍的双筒望远镜则难以将最暗的那颗星与 o^1 分开。

天鹅座的 3 对双星

天鹅座东部隐藏着 3 对适合双筒望远镜观察的双星，它们简明地展现了双星观察带来的挑战与快乐。一般来说，在两子星亮度相等的前提下，有稳固支撑的双筒望远镜可以分解的最紧密双星的角距可以由 300″除以双筒望远镜的倍率得到。例如，10 倍双筒望远镜刚好可以分解相距 30″（300/10）的双星。但实际观察能够证实这个公式正确吗？

第一对天鹅座双星是天鹅 μ。它的两子星的亮度为 4.4 等和 7.0 等，相距宽达 198"，正如预想的那样，用 10×30 稳像双筒望远镜容易分解。这对双星位于一个引人注目的天区，μ 星与东边 2° 的两颗 5 等星组成了一个近似等边三角形的形状。从 μ 星向正北 0.5°，你会看到两颗 7 等星组成的角距略大一些的双星。

天鹅 μ 向北 9° 是天鹅 79。它的两子星的亮度为 5.7 等和 7.0 等，相距更近（150″），但分解起来并不比 μ 星难多少。这是因为它的两子星的星等差只有 1.5 等，而 μ 星的是 2.5 等。

最后一对双星是天鹅 61，它的两子星的亮度分别为 5.2 等和 6.0 等，相距 31″。按照我们的经验法则，用 10 倍双筒望远镜分解很困难，我只有在双筒望远镜完美合焦时才能分解它们，而用 15×45 稳像双筒望远镜就可以容易地分解。天鹅 61 也是一个吸引人的目标，它是在多星的银河背景上的太阳的一个“近邻”。

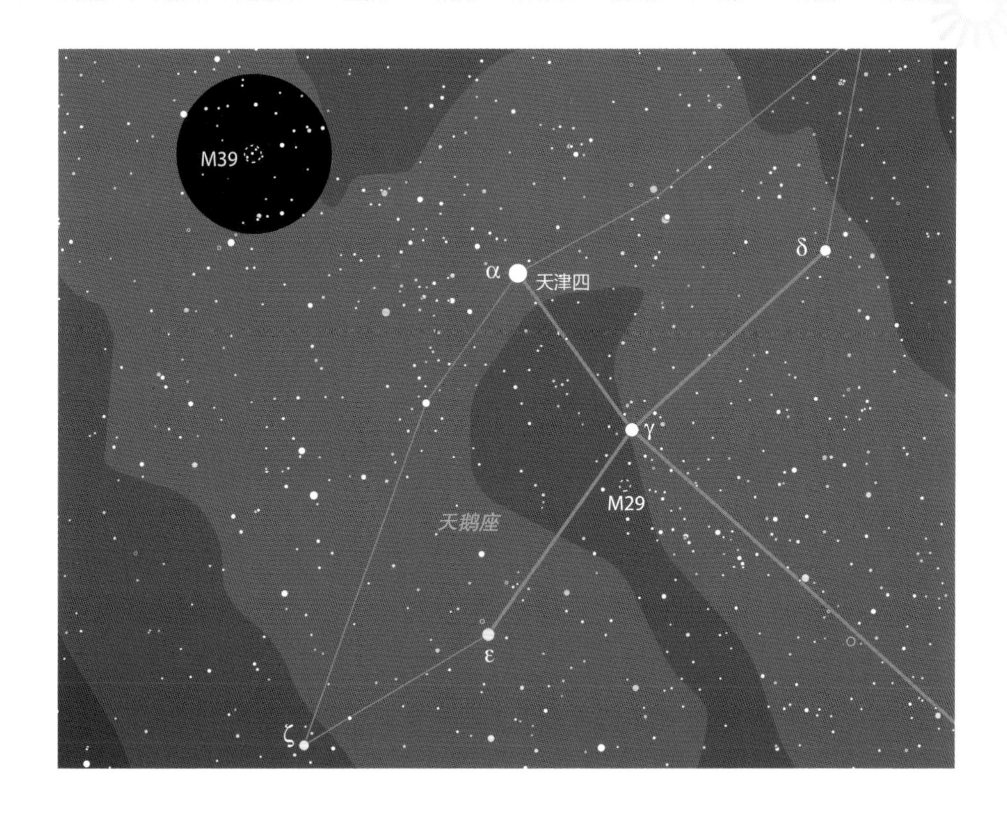

天鹅座中的疏散星团 M39

尽管面积很大，又处在北部银河中央的绝佳位置，但天鹅座中适合双筒望远镜观察的目标并不多。当在天空黑暗的地点观察时，布满天鹅座中的星屑的点点光芒显得其中没有双筒望远镜的观测目标。天鹅座中不乏激动人心的多星区域，但只有两个梅西叶天体——M29和 M39。

在天鹅座的这两个疏散星团中，M39 肯定更值得观看。在比较黑暗的地点，用 10×30 稳像双筒望远镜可以看到十几颗恒星，其中最亮的几颗组成了醒目的小等边三角形。从天鹅座的主星——天津四沿着银河向东北扫视，从多星的背景中辨认出这个星团是出乎意料地容易。在郊区的天空中 M39 则有些失色，但依然很容易寻找，这是因为星团中拥有 7 颗 8 等以上的恒星。

天空越黑暗就越不太可能在 M39 上花很多时间，这也许有点讽刺意味。附近的天鹅恒星云在向你招手，吸引着你去巡视那一天区，享受观察它的乐趣。但对于郊区的观星者来说，M39 就是最好的。

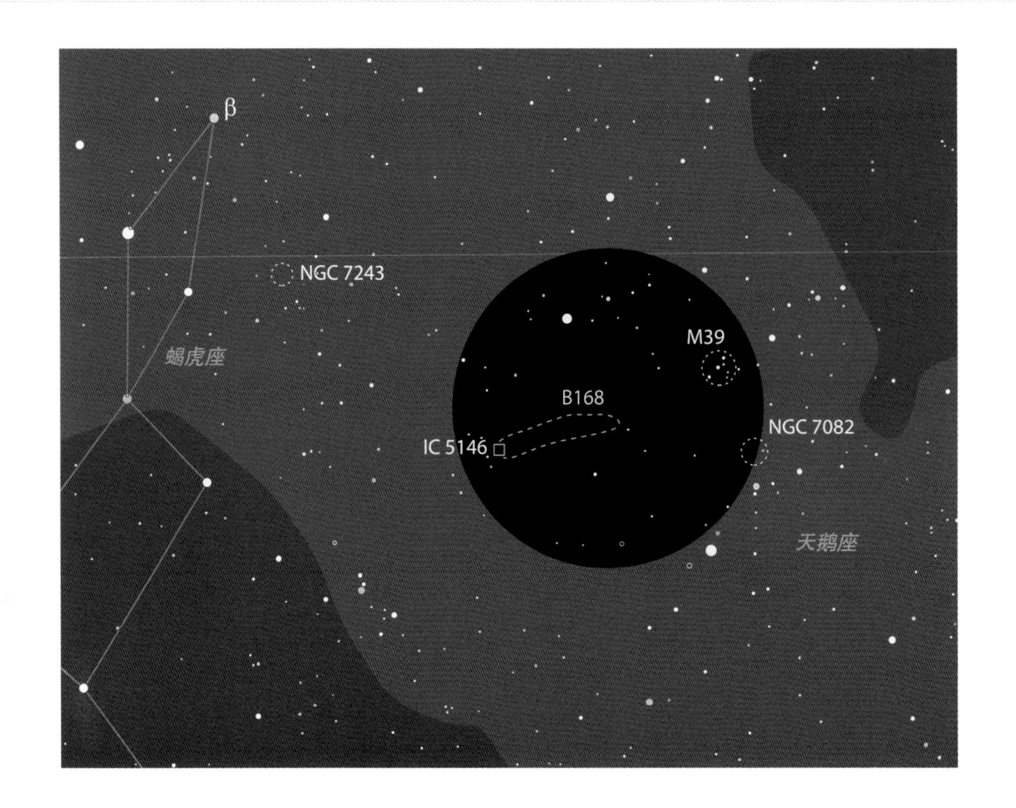

通往茧状星云之路

我喜欢暗星云。通过观看这些多星区域背景所映衬的由星际尘埃组成的星云，银河会呈现出三维的外观，看起来真实多了。巴纳德（Barnard）168（B168）是我最喜欢的暗星云之一，我称它为“通往茧状星云之路”。每当我在寻星镜中寻找茧状星云(IC 5146）时，我会沿着这个狭长的黑暗区域将发射星云导入天文望远镜的视场中。10×50双筒望远镜比6×30寻星镜能看到更暗的星，B168也会显得更加突出。用双筒望远镜看不到茧状星云，因为它太暗了。

观察B168是一个挑战，需要没有光污染的天空。寻找这个暗星云的最简单方法是从天津四出发，向东略偏北方向大约7°（大约是一个双筒望远镜视场）找到美丽的疏散星团M39，然后将它移出视场的西边缘，这时在视场的东边缘会看到B168。当然，从你的地点看银河越明显，找到通往茧状星云之路也就越容易。

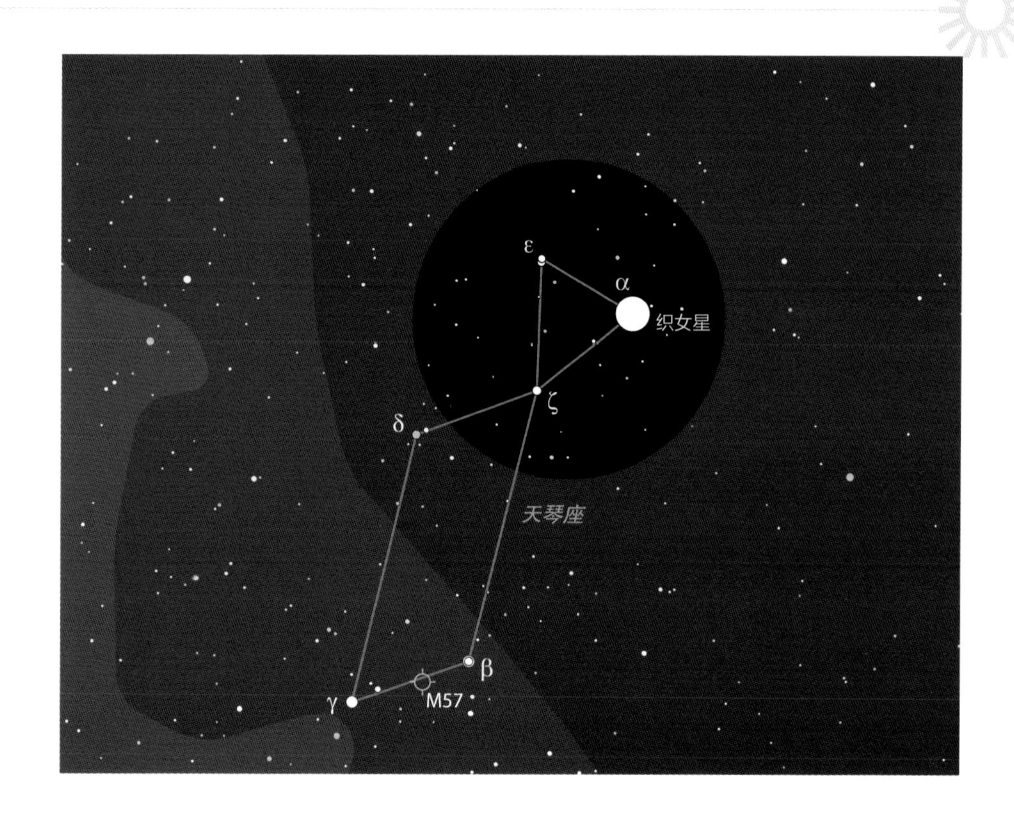

夏季的另一个三角

几乎每个人都听说过由这个季节里最显眼的3颗恒星——织女星、天津四和牛郎星组成的夏季大三角。夏季还有另一个三角，它是用双筒望远镜中的一组恒星，也包括织女星，还有附近的天琴 ε 和 ζ。

作为夜空中亮度排名第5的恒星，织女星即使用肉眼看也会觉得耀眼，用双筒望远镜看就更是如此了。位于织女星东北方的是天琴 ε，即著名的双双星。用任何双筒望远镜都能够容易地看到它是一对分得很开的双星——ε^1 和 ε^2，两星的亮度和颜色（白色）都很接近。然而，要想将其中的每颗星再分解成双星，你需要使用高倍率天文望远镜。

ε 星的正南方是三角形的第3个顶点 ζ 星。它也是一颗用双筒望远镜能够分解的双星，但比分解 ε 星困难得多，因为不仅两子星相距很近，而且主星比伴星亮3.5倍。亮度相差较大的双星分解起来远比亮度相等的双星更难。你需要使用至少10倍的有稳固支撑的双筒望远镜，并且对焦也要很准才能成功。

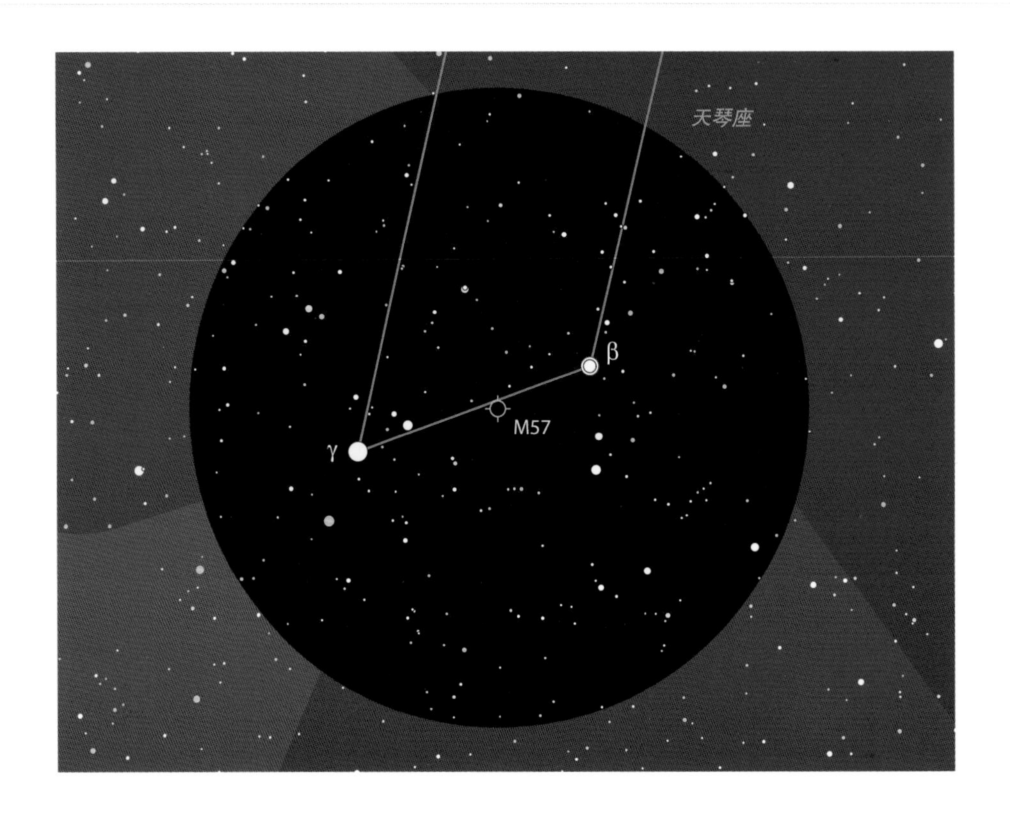

M57 与期望

寻找不易找到的深空天体可以测试你的观察技巧、光学器材、天空条件，有时也是在测试你的耐心。当你看不到目标时，耐心真的会起作用。经历挫折的时候停下来深呼吸一次，想一想，看不到只可能有3个原因：一是没有找对位置，二是要找的目标相对于器材和天空条件来说过于暗淡，三是期望与现实不相符。天琴座环状星云M57是众所周知的双筒望远镜的困难观察目标，同时也提供了一个我们容易想错的极好例子。

定位这个行星状星云再容易不过了。正如上面的天区细节图中显示的那样，它位于两颗3等星之间。8.8等的M57不太明亮，但用50毫米口径的双筒望远镜应容易看到。如果你找对了位置，器材也适合，却依然看不到意味着什么呢？只有剩下的原因——期望。

我们第一次尝试观察某个深空天体时，常常并不真正去考虑它应该是什么样子。如果你依据上次用天文望远镜观察它产生的印象或者彩色照片来寻找M57，就很可能在用双筒望远镜观察时错过它。M57环的大小只有80″×60″，所以你所寻找的应该是像一颗轻微失焦的暗星一样的东西。如果当你仔细检查天区的时候把那种图像记在心里，就会找到M57。这正是个期望的问题。

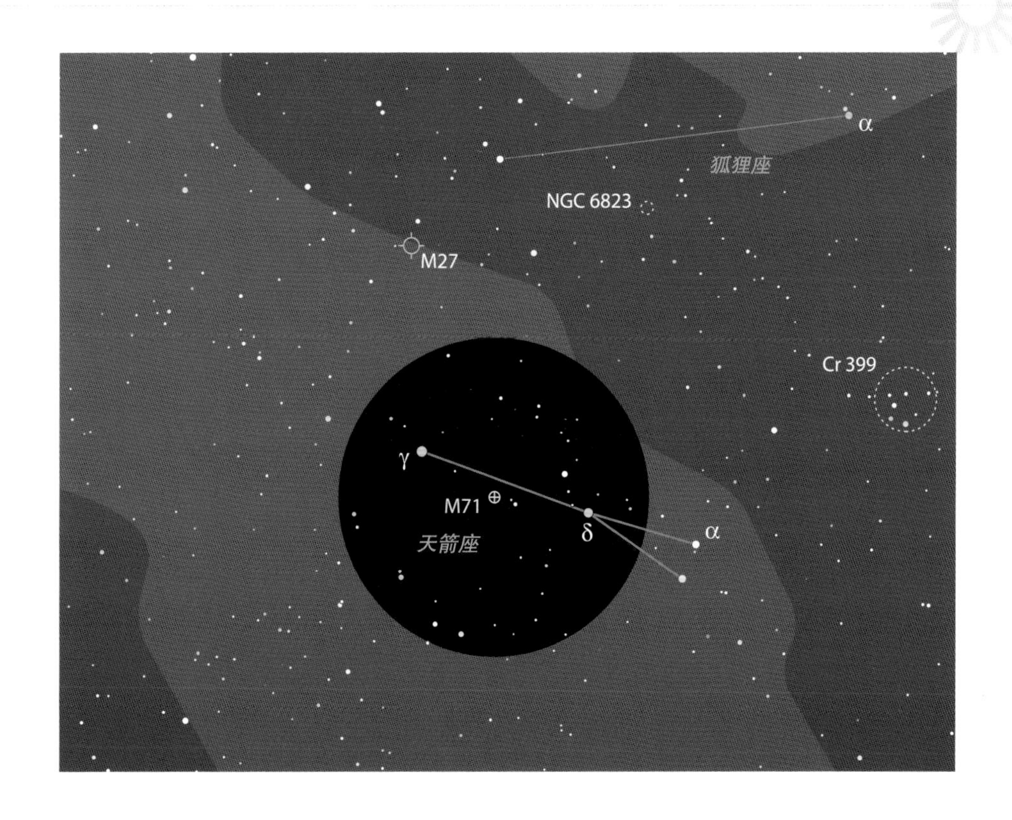

灿烂的天箭座

有双筒望远镜星座吗？有，它就是由一小群恒星组成的天箭座。小马座和南十字座这两个小星座占据了天空中更少的平方度，但天箭座是整个构成形状的部分（只有 5° 长）唯一适合普通双筒望远镜视场的星座。视场中这个小星座的独特图案位于闪烁着暗星的银河多星区域背景之上，那里也是两三个双筒望远镜"宝藏"的"家园"。

天箭座由 4 颗亮度相近的恒星连成，形状十分明显。用 7 倍或 10 倍的双筒望远镜观察，这个星座是个引人注目的区域，并有更多并非一眼可见的东西可看。请看天箭 γ 和 δ（组成"箭杆"的两颗星）的中点，你会看到一个 8.2 等的星团 M71。它究竟是一个稀疏的球状星团还是一个非常多星的疏散星团呢？天文学家们很多年都不能确定，但是今天 M71 作为一个距离较近的球状星团已经没有什么疑问了，它距离我们大约有 13 000 光年。

从天箭座的尾部向西北扫视肯定会偶然发现衣架星团 Cr 399，后文的"银河中的惊喜"介绍了它。

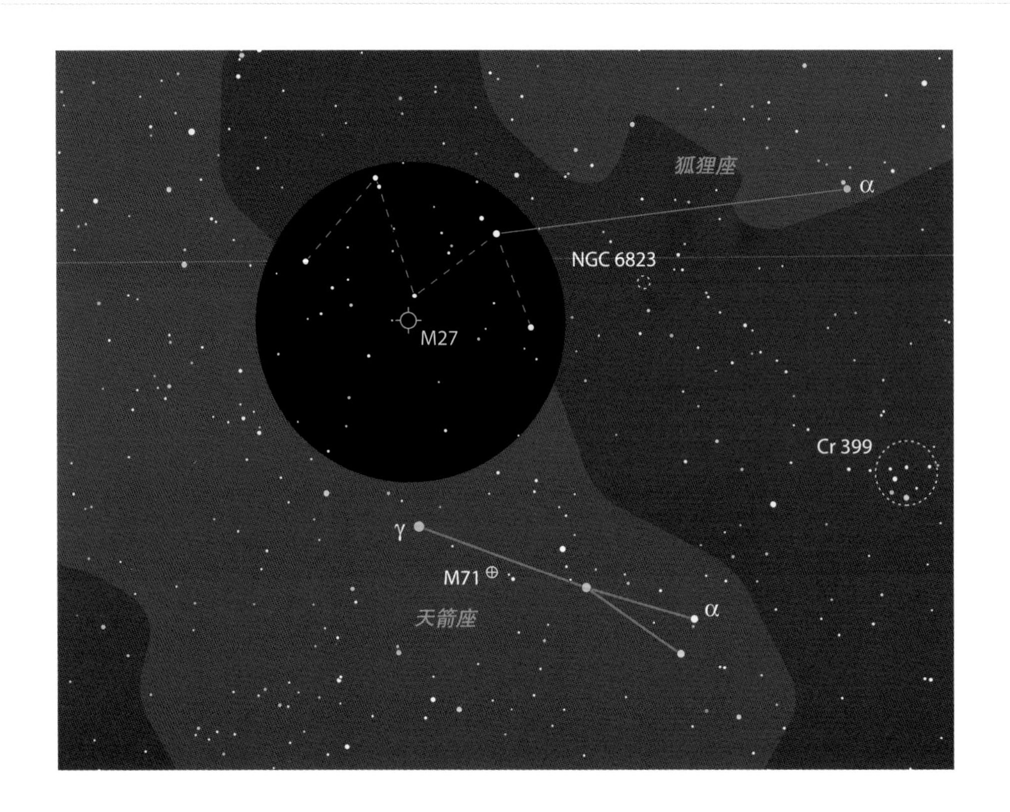

狐狸座的M27

我在前文描述了用双筒望远镜寻找天琴座环状星云M57的挑战，它如此小的视尺寸意味着你不大可能在随意扫视这片天区时碰巧发现它。但是就这点来讲环状星云很寻常，大到足以在双筒望远镜中表现得不像恒星的明亮行星状星云非常少。事实上，整个梅西叶星表中只有4个行星状星云。狐狸座的M27又名哑铃星云，是其中最大、最明亮的行星状星云。它的视直径为350"，这表明了它相对较近，距离我们只有1 300光年。

这个亮度7.3等的星云在北部银河多星的一带中。狐狸座是个不明显的小星座，这给寻找M27造成了困难。我常常通过天箭座γ（位于"箭尖"的那颗星）向正北3°来定位M27，这样找会容易些。

你一旦定位了这个星云所在的区域，会看到一个在大量暗星背景上由5等星组成的独特M形的星组，请在星组中间那颗恒星下寻找一个小亮斑。用10倍双筒望远镜能容易地看到这个星云，甚至7倍也没什么困难。然而，普通双筒望远镜的倍率不足以看出星云的哑铃形状。

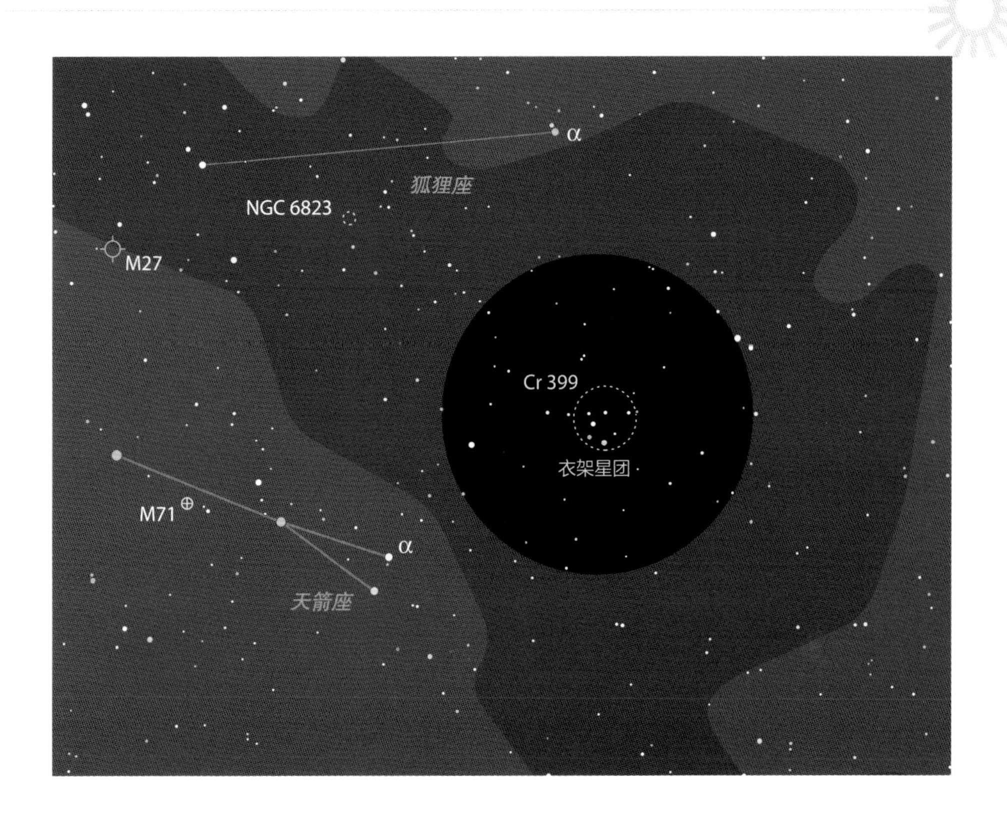

银河中的惊喜

夏夜中久不散去的热气似乎带来了一种不同的观星方式——一边用双筒望远镜悠闲地扫视灿烂的银河，一边沉思。有时采用这种随意的方式会有意外的发现，我就是这样发现布罗基（Brocchi）星团 (Cr 399) 的。在多年以前一个乡村的夜晚，我在舒适的躺椅上用双筒望远镜扫视天鹅座东南边的区域时偶然发现了这个小星组。这个星组是如此显眼以致我不能相信之前竟然从未注意到它。更惊奇的是我发现它不在我所深信的诺顿(Norton)星图中，也没有梅西叶编号！

这个星组被更多地称作衣架星团(因为一眼看去很像衣架），包含了十几颗5 ~ 9 等的恒星。尽管外观像星团，但衣架星团并不是一个真正的星团，而是实际距离相差很远的一些恒星在天球上的投影碰巧相近所致。尽管如此，它仍然是一个用任何双筒望远镜都容易看到的迷人景象，从银河中显眼的小星座——天箭座向西北 5° 左右就能找到它。

巴纳德的“E”字

为了看到这个“双筒望远镜精华目标”，你需要寻找光污染尽可能少的天空。幸运的是每年这个时节很多家庭会进行野营旅行，来到可以欣赏壮丽银河的乡下。

如果你在上述那样的地点，在晴朗无月的夜晚，请将双筒望远镜指向牛郎星（夏季大三角最南边的恒星）西北差不多3°（大约双筒望远镜视场的一半）。仔细察看这片天区，你在暗星背景之上会看到一个大约1°高的小“E”字形无星区域的轮廓——巴纳德的“E”字。你观察地点的银河越明亮，这个特征就会越明显。

巴纳德的“E”字也被沃尔夫（Max Wolf）称作三穴星云，他在1891年用照相的方法发现了这个天体。它是一个暗星云，即由星际尘埃和气体组成的厚度足以挡住后面恒星所发出的光的星云。20世纪初，巴纳德（Edward Emerson Barnard）为这种不透明的星云编写了星表。这个天空中最独特的暗星云之一形状与他名字的前两个词的首字母相同，真是太奇妙了。

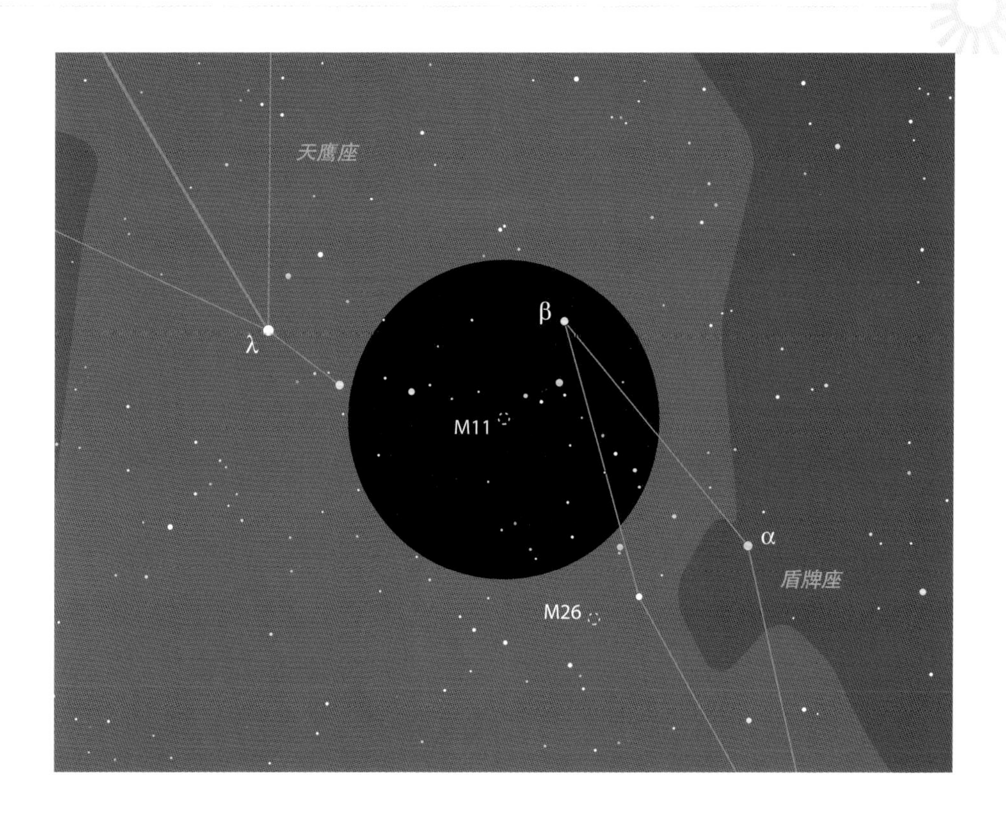

盾牌座的M11

虽然梅西叶星表作为展现深空奇观的宝库而广为人知，但梅西叶实际上是一个“彗星猎手”。1758年，他开始编制一个以蟹状星云开头的可能会被误认为彗星的天体列表。在他的以今天的标准看很简陋的小折射镜中，他编入该星表的许多目标看上去很像彗星，这点也许没有比疏散星团M11（又称作野鸭星团）更符合的了。

虽然M11位于小星座——盾牌座中，但我沿着组成天鹰座尾部的恒星的弧线很容易定位它。

无论天空条件如何，你都会很容易找到M11。在我的有光污染的后院中用10×30双筒望远镜看到它完全没有困难，它确实像一颗没有尾巴的彗星！星团中心略偏东南的一颗亮星加强了这个错觉。在双筒望远镜中，M11无论如何都像一个被朦胧的彗发包围着的彗核。

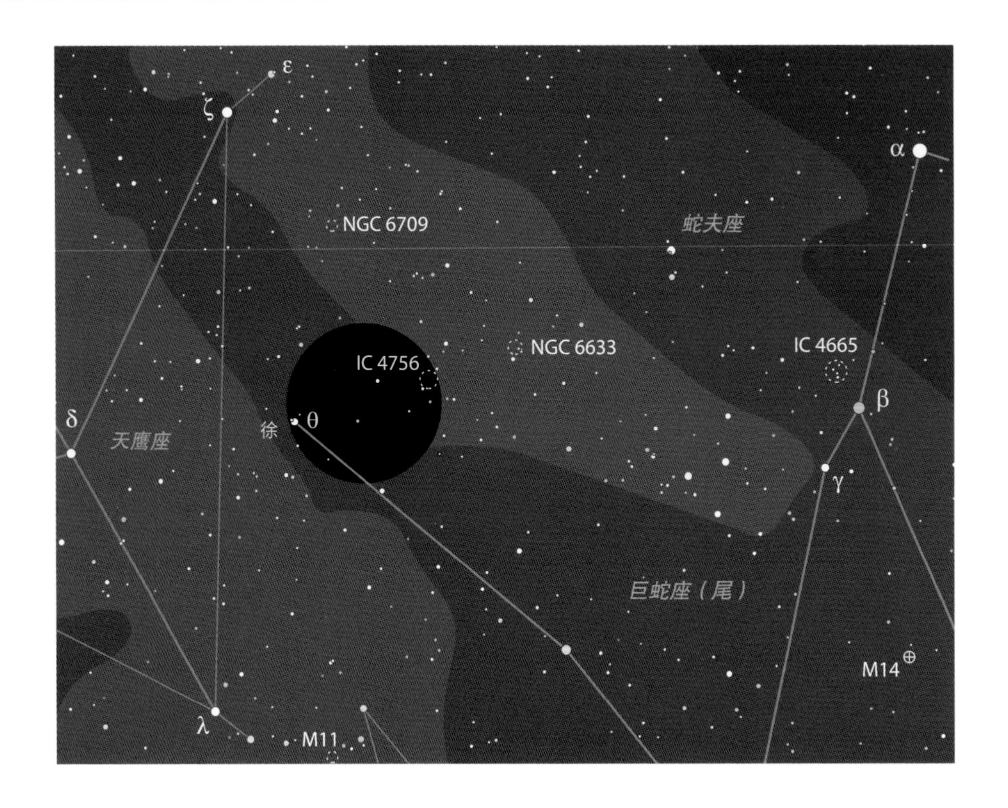

巨蛇座的 IC 4756

每年的这个时节，当我们想起银河时最容易想到的是人马座、天鹅座、天蝎座和天鹰座，但很少会想起蛇夫座以东的巨蛇座尾部的“宝藏”。

这个天区中我最喜欢的景观是引人注目的大型疏散星团 IC 4756。如果天空黑暗，在你用双筒望远镜随意扫视这个区域时可能会因看到这个天体而停下来。它呈现为一个由暗星组成的星团，像从银河分离出的一部分。它和其他许多星团一样缺乏突出的亮星，在城市的夜空中寻找 IC 4756 会更难。

附近还有一对美丽的双星——巨蛇 θ（又名徐），大约在 IC 4756 东略偏南 5°。它是一对两子星亮度接近（4.5 等和 5.4 等）的醒目双星，相距只有 22"，要清楚地分解这对双星需要使用有稳像功能或有稳定支撑的 10 倍双筒望远镜。

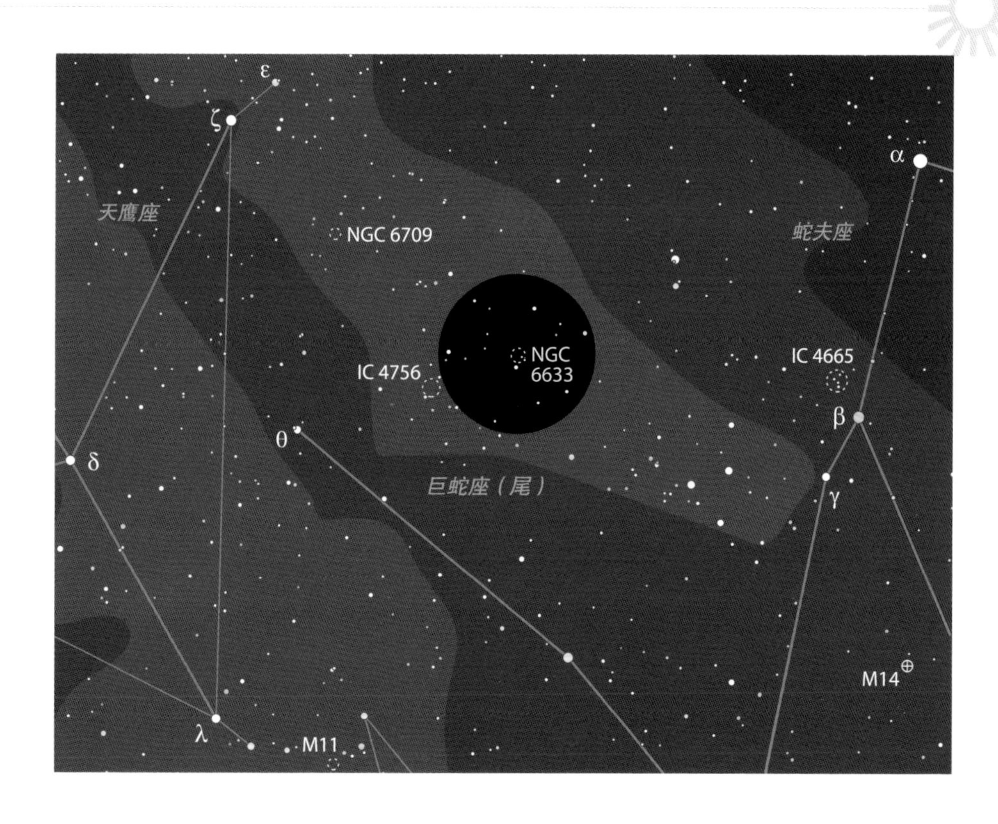

蛇夫座的 3 个星团

许多双筒望远镜观星者认为梅西叶星表代表了天空中最好、最亮的深空天体，但也有很多没有梅西叶编号但值得一看的目标。例如，在蛇夫东边的肩膀上，蛇夫 β 不远处有三个不在梅西叶星表中的、不错的双筒望远镜疏散星团——IC 4665、IC 4756 和 NGC 6633。它们的亮度肯定足以使其在梅西叶的望远镜中被看见，但也许梅西叶就像今天的许多观星者一样，过于喜爱东至天鹰座、南至人马座的这片多星区域而忽视了银河的支流部分。

NGC 6633 可能是这 3 个星团中最不明显的，但在我看来它最漂亮，是很值得搜寻的。请在蛇夫 β 正东大约 10° 的位置扫视寻找它，目光锐利的观星者用 10 倍以上的双筒望远镜可辨别出几对星组成了大致从东北到西南的不规则梯子状。这个星团的恒星亮度加起来相当于一颗 4.6 等的恒星，这意味着在黑暗的天空中即使不用双筒望远镜也能依稀可见 NGC 6633。

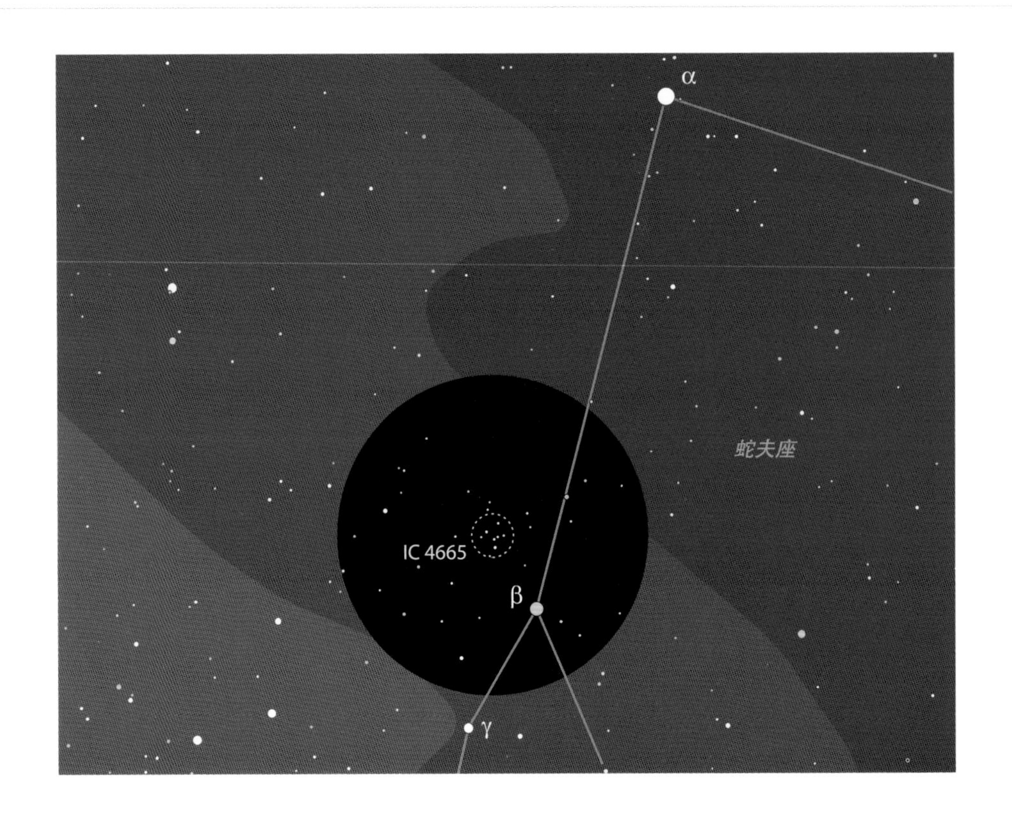

蛇夫座的 IC 4665

在一年之中，夏季是一个在银河下度过无月夜晚的极好时节。明亮而辽阔的银河中缀满了各种双筒望远镜的观察目标：球状星团、星云以及也许是最值得看的明亮疏散星团。其中一些大而引人注目，就像英仙座双重星团；另一些表现为区域内背景恒星的略微增加。IC 4665 则介于这两者之间。

这个星团的优点是容易寻找，如上图所示，它在 3 等星蛇夫 β 北边略偏东方向只有 1° 多一点。它有 10 多颗亮度为 7 ~ 8 等的恒星，是个很好的用双筒望远镜观察的景观。

疏散星团的一个有趣特征是其中的恒星组成了特别的图案和形状。奥米拉在《梅西叶天体》一书中，依靠星团的恒星甚至想象出了各种古怪生物。对我来说，IC 4665 中最亮的恒星排列成一对箱子的形状，此外还有一条向南弯曲的弧线。你看到了什么呢?

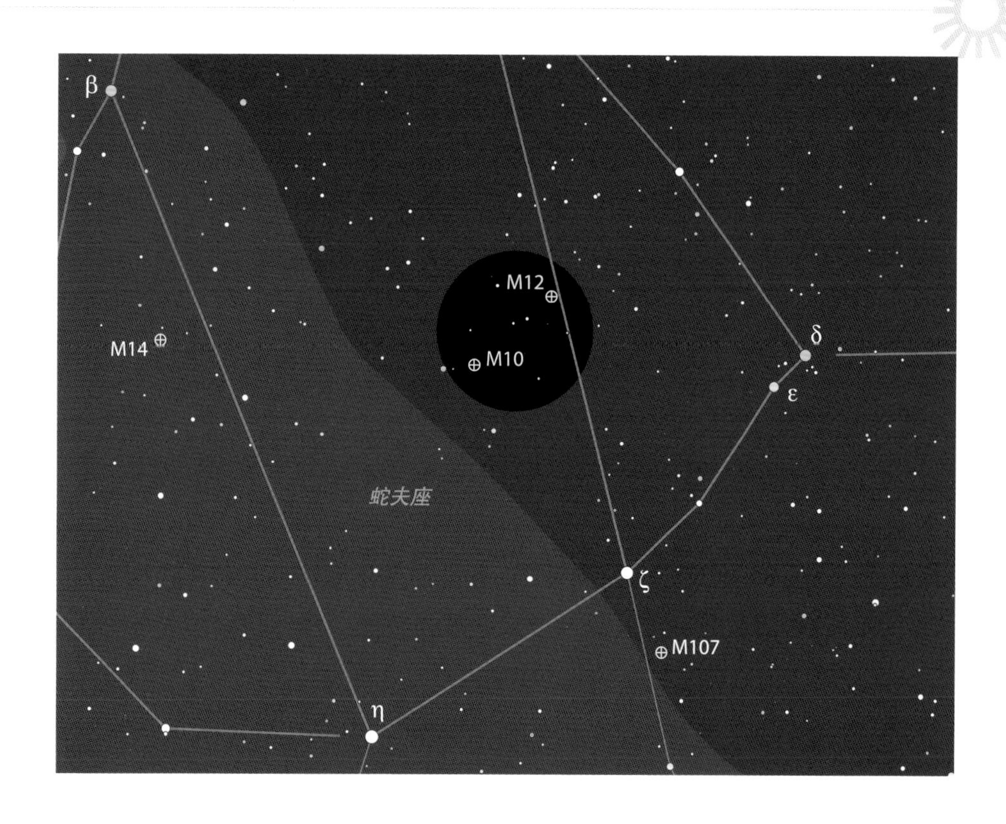

蛇夫座的一对球状星团

这个季节中拱形的银河贯穿了天空，伴随着它的是球状星团。这些星团大部分聚集在人马座方向的银心附近，光是人马座中就有 7 个梅西叶球状星团。面积大但不显眼的蛇夫座所包含的梅西叶球状星团数量出人意料地与人马座一样多。你能看到多少取决于两方面——天空的条件和双筒望远镜的倍率，更高的倍率和更黑的天空无疑会有助于你找出这些星空背景上的星团。

从捕捉 M10 和 M12 来开始你的球状星团狩猎吧。这两个梅西叶球状星团的视大小是蛇夫座球状星团中最大的，因此在双筒望远镜中看上去最不像恒星。M10 和 M12 的距离只有 3° 多一点，这意味着它们可以被大多数双筒望远镜充裕地同时纳入视场，一起组成多星背景上引人注目的一对星团。

M10 和 M12 因为接近而引发了人们对比。你看到了什么呢？它们的大小和形状是否相同？尽管在星表上有着基本相同的亮度（分别是 6.6 等和 6.7 等）和视大小，在你看来它们是同样显而易见的吗？真正观察深空天体与随便看看的区别就体现在如何回答这样的问题上。我不写出观察结果以免影响你，我只是想说数字很少能说明一切。

蛇夫 ρ

如果你熟悉蛇夫 ρ，很可能是因为它周围的星云。麦林 (David Malin) 在英澳天文台拍摄的著名的蛇夫 ρ 天区照片的确是最壮观并被广泛转载的天体照片之一。遗憾的是用双筒望远镜远远无法看到那样多彩的星云。但对于双筒望远镜观星者来说这里也不是没有看点，因为 ρ 是一颗漂亮的三合星。

在银河西边缘的这片多星的天区中很容易错过 ρ 星，但如果你把心宿二和天蝎 σ 置于双筒望远镜视场的底部，就很容易在视场中央略偏上的位置找到 ρ 星。

即使用普通的 7 倍双筒望远镜也可以很容易看到三合星中的全部 3 颗星，它们都足够亮、相距足够远，所以观察不会有困难。ρ 星中最亮的子星为 5 等，两颗伴星都是 7 等，和主星的距离也都是大约 2.5′。事实上，当与灿烂的心宿二和附近朦胧的球状星团 M4 出现在同一视场中时，观察这颗三合星时最困难的事也许就是不分心。

太阳孪生

我们常听说太阳是一颗"普通"的恒星，这暗示着银河系中到处都是像太阳一样的恒星。实际上，亮度、颜色、大小、年龄、成分都和太阳非常匹配，和太阳如同双胞胎一样的恒星是很少的。

根据维拉诺瓦（Villanova）大学的德瓦夫 (Laurence E. DeWarf) 及其 5 名同事的研究，我们附近的恒星中最像太阳的是天蝎 18，它位于红色心宿二北略偏西方向 18°。

想象一下你在 46 光年之外回望太阳系，太阳将变成肉眼隐约可见、用双筒望远镜易见的目标。对于它的颜色，你可能期待着看到浅黄色，结果却出乎意料地只看到了纯白色，正如天蝎 18 所呈现的那样。

尽管有和太阳的相似之处，天蝎 18 还是不能完美地替代太阳。它比太阳大约亮 6%，即使是这样小的差别也会对地球的气候造成严重破坏。

稳定手持才能看到的双星

前文介绍了一些简单而实用的双筒望远镜支架。虽然使用这些设备会使双筒望远镜损失一些即刻观察的优势，但在提升观察效果、呈现更多细节上会得到很大回报。通过观察紧密双星，双筒望远镜支架的价值会清楚地体现出来，如观察天蝎 ν。它与双星天蝎 β 以及大角距双星天蝎 ω 组成了引人注目的三角形。

天蝎 ν 两子星角距为 41″，这对于用 7 倍双筒望远镜观测会是一个挑战，而用 10 倍双筒望远镜则不会太难。两子星亮度相差近 2 等，这使得观察难度提升了一两个级别。试着手持双筒望远镜观察天蝎 ν，用 10 倍双筒望远镜你可能会隐约看见它是双星，但只是一瞬。现在尝试通过身体靠墙或利用栅栏支撑双筒望远镜来稳定观察，注意分解这对双星的难度降低了多少。这就是那么多观星者喜欢用双筒望远镜支架的原因，而且支架的优势是随着倍率的增加而增加的。

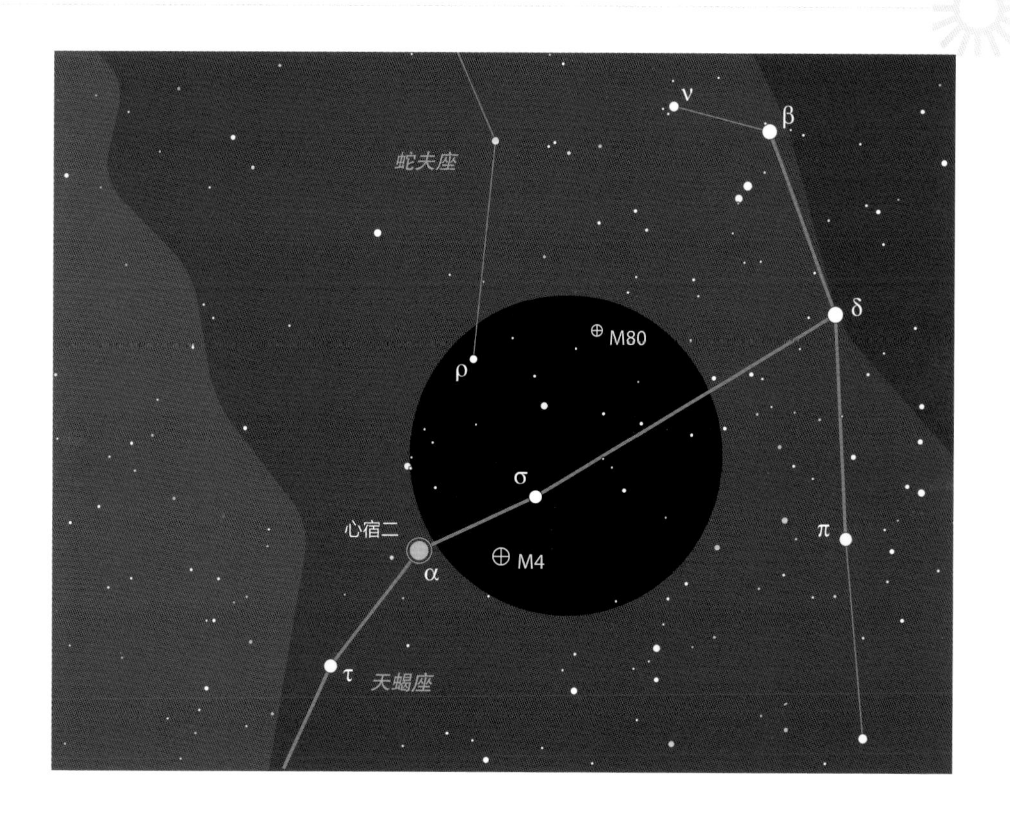

球状星团的季节

银河系是 150 多个球状星团的“家园”，在北半球中纬度地区中有 125 个球状星团可以升到地平线上超过 10°。当然，其中大部分因为太暗而无法用普通的双筒望远镜看到。但是有经验的观星者用有稳固支撑的 10×50 双筒望远镜在黑暗的天空中能看到多少呢？我猜答案会在 50 ~ 67 之间，相当于星团亮度的下限在 9 ~ 10 等之间（有趣的是 67 个中只有 2 个不能在 7 月的晚上看到）。极好的天空条件下用 10 倍双筒望远镜的观星者会比天空条件不太好时用 7 倍双筒望远镜的观星者收获更多，然而事实上 50 和 67 只是一种粗略估计，因为有太多的不确定因素会起作用。

当然星团的星等限定只是问题的一部分，这些球状星团中的绝大多数用双筒望远镜观察会呈现恒星状。心宿二附近的一对球状星团——M4 和 M80——说明了什么是你所面对的。即使是在 7 倍双筒望远镜中，M4 也呈现明显的非恒星状，不只是因为这个星团比大多数其他球状星团更大，也是因为它没有一个显著、紧密、恒星状的核心。M4 的不寻常外观既是优势也是劣势，较大的视直径以及弥散性使它在黑暗的天空中分外突出，但是在光污染明显时却会因为缺乏一个凝聚的核心而不易被看到。

M4 的“邻居”M80 小得多、暗得多，是更典型的球状星团。仔细观察这个星团，记住其他大多数球状星团比它更小、更暗，寻找它们中的大多数有挑战性，需要耐心以及仔细地使用星桥法。

你能找到多少球状星团呢？

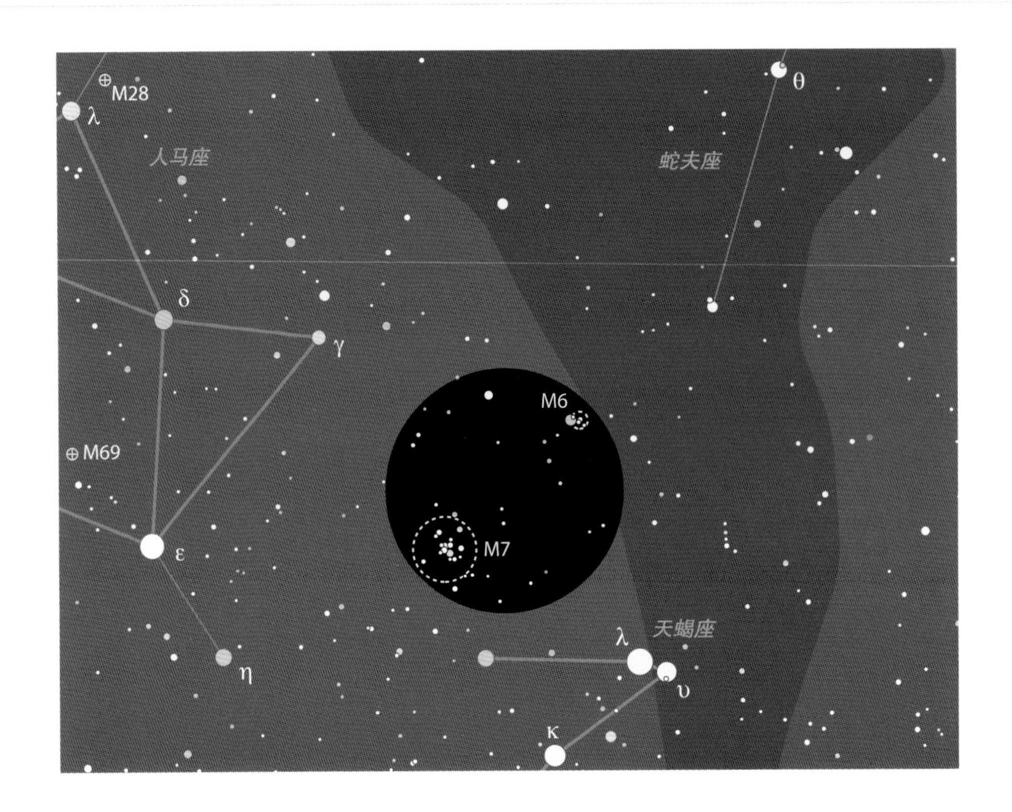

华丽“二重奏”

在整个梅西叶星表中，我想不出比天蝎座的M6和M7这对疏散星团更好的“买一送一”（同一视场中两个壮丽的双筒望远镜观测目标）了。然而，它们的感染力在很大程度上取决于在哪里观看。

M6和M7位于天蝎座的“毒刺”附近，它们在加拿大的天空中永远不会升得很高，事实上M7是最南的梅西叶天体。因此，在我童年时首次看完梅西叶星表的过程中，它们差不多是最后看到的。但从更南的地方看这对星团会觉得很壮观，我看过最好的一次是在去哥斯达黎加进行观星旅行时，处于北纬10°当然会带来非凡的观感。

M7在两个星团中更抢眼，在较黑的天空中用肉眼容易找到。用10×30双筒望远镜看到M7满是恒星，有几十颗容易看到，其中许多是6等星。星团中心有一个显眼的、略扁的“X”，周围是一圈亮度相近的恒星。相比之下，M6是个更紧密、更多星的星团，大约6颗显著的成员星被笼罩在闪烁着微光的暗星之中。这用任何双筒望远镜观察都是幅奇妙的景象，并与M7的广阔、华丽构成了最好的视觉对比。

M6和M7外观的差异部分上是因为年龄所致，随着星团变老，它们的恒星相互分离。所以M6的年龄（约9 500万年）只有M7的大约一半一点也不奇怪。

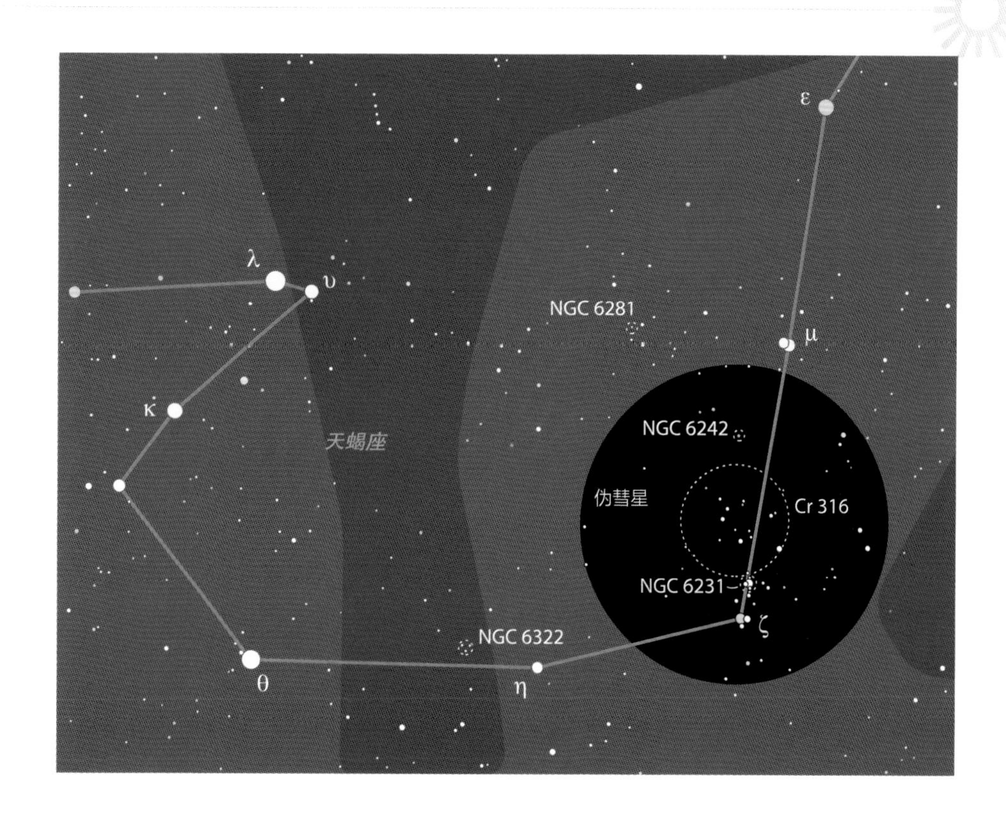

伪彗星

天蝎座南部被称作伪彗星的区域是夏夜天空中最醒目的景象之一。肉眼看上去它确实很像一颗小彗星，有着恒星状的彗核、明亮的彗头、向北延伸的模糊彗尾。然而，双筒望远镜揭示了这颗“彗星”其实是一个由众多恒星组成的壮观集合。

天蝎 ζ 分得很开的两子星分别为 3.6 等和 4.7 等，包括 ζ 在内的 3 颗亮星排列成优雅的三角形，组成了彗头。天蝎 ζ 向北 0.5° 是迷人的疏散星团 NGC 6231——在众多暗星背景上由 8 颗 7 ~ 8 等恒星聚集而成的紧密一团。从这里沿着一串暗星再向北 1° ~ 2° 就到了科林德 316 和特朗普勒（Trumpler）24，它们是一对大而松散、互相重叠的星团，肉眼看去形成了彗星的扇形彗尾，而用双筒望远镜看则像是银河中更明亮的局部。虽然彗星的每一部分都可以单独欣赏，但整个区域容易被纳入双筒望远镜的视场中，这可能是观看它的最好方式，正如看真正的彗星时一样。

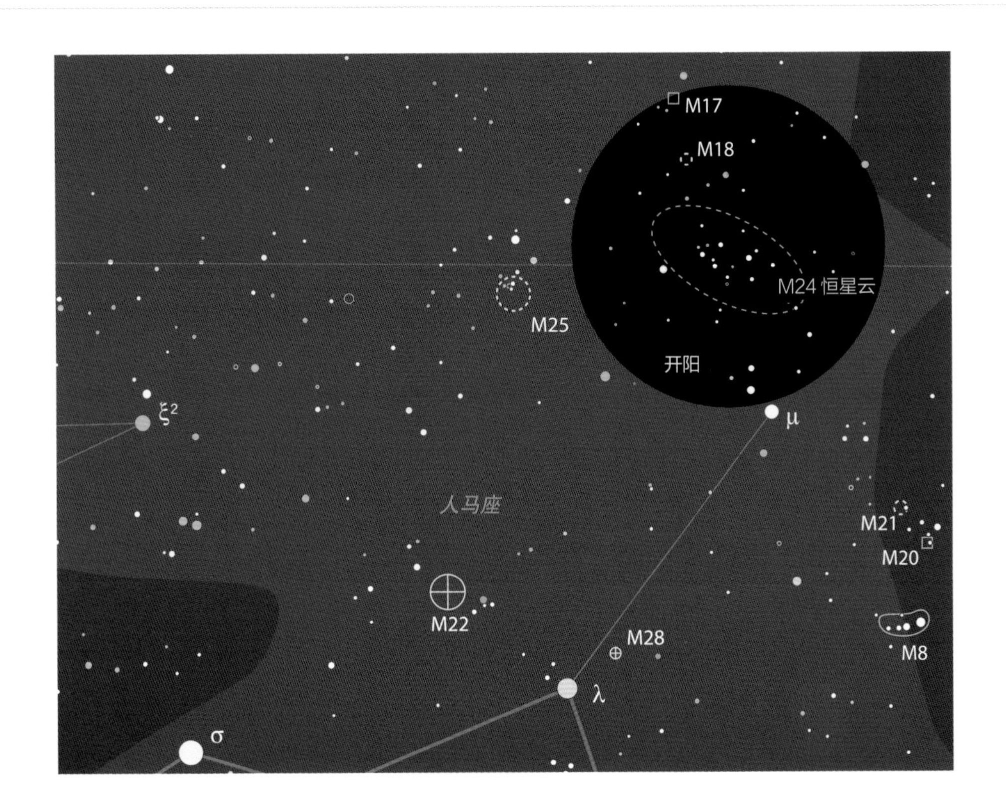

夏季恒星云

全天中只有少数深空奇观用双筒望远镜观看是最好的，它们中大多数太大了，在典型天文望远镜的视场中显得无趣。M24 就是这种目标，它也被称作人马座小恒星云，用双筒望远镜观看是个壮丽的景观，但在大多数天文望远镜中则显得平淡无奇。

肉眼看 M24 就像人马座“茶壶”上方飘浮着的一小团蒸气。虽然由许许多多恒星组成，但 M24 不是一个星团，而是银河的一小块。事实上它被当作独立的目标主要是因为被暗星云四面环绕，就像从云洞中看到的一片蓝天。

用 10×50 双筒望远镜观看，M24 是个长轴大致沿东北—西南方向的巨大椭圆形光斑。这团云雾上有 20 多颗恒星，其中最亮的一些恒星组成了一对顶点几乎碰在一起的优雅小三角形。虽然 M24 令人赞叹，但我认为周围的暗星云更迷人，其中最显眼的是 M24 东南边缘处的黑暗指状物。

15×45 稳像双筒望远镜因倍率更高而使得暗星云更突出，这又使 M24 更加显眼。然而，升级到 15×70 双筒望远镜却会导致退步，虽然这时在双筒望远镜中可见的恒星会比 15×45 双筒望远镜中更多，但视场会略小，所以容纳的周边星空不多，无法充分展现 M24。

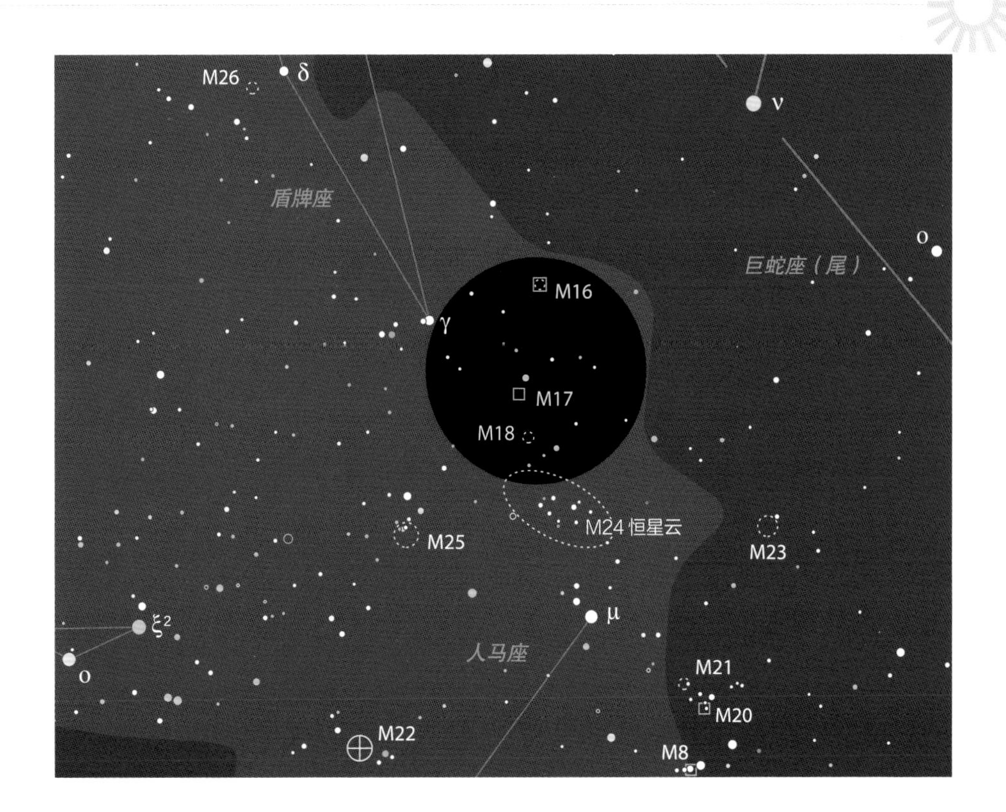

银河中的梅西叶天体

除了室女座的星系森林外，人马座银河最稠密的区域是梅西叶天体最密集的地方。欣赏这些珍宝最好要有条不紊，M16、M17 和 M18 这组“三重奏”是个好起点，它们位于盾牌座以南，可以绝妙地纳入同一双筒望远镜视场。

让我们从三者中最北边的位于巨蛇座尾部的 M16 开始吧，它是个漂亮的大星团与一片星云的结合体。M16 的星团部分令人愉悦，它又大又亮，容易找到。用 10×50 双筒望远镜可以看到 4 颗 8 等、9 等的恒星组成西北—东南方向的长方形，大多数星团的成员星在它们之间发着微弱的光。其中有星云发出的光吗？即使是较黑的天空，我使用 15×70 双筒望远镜也不能确定，你呢？

向南半个双筒望远镜视场进入人马座就到达了著名的天鹅星云 M17。它也很好找，不过在典型双筒望远镜的倍率下难以看出天鹅形状。用 10×50 双筒望远镜观察，它是片长三角形云雾，三角形沿东西方向，由东向西渐宽。用倍率更高的 15×70 双筒望远镜观察，三角形的西边缘被生硬地截断了，暗示着倒置的天鹅形状。

最后也是最不重要的是疏散星团 M18，与“邻居”相比它没有多少看点。我用 10×50 双筒望远镜看到了一个比较明显的粗糙光斑。用 15×70 双筒望远镜观察，M18 更像个星团，四五颗星时隐时现。

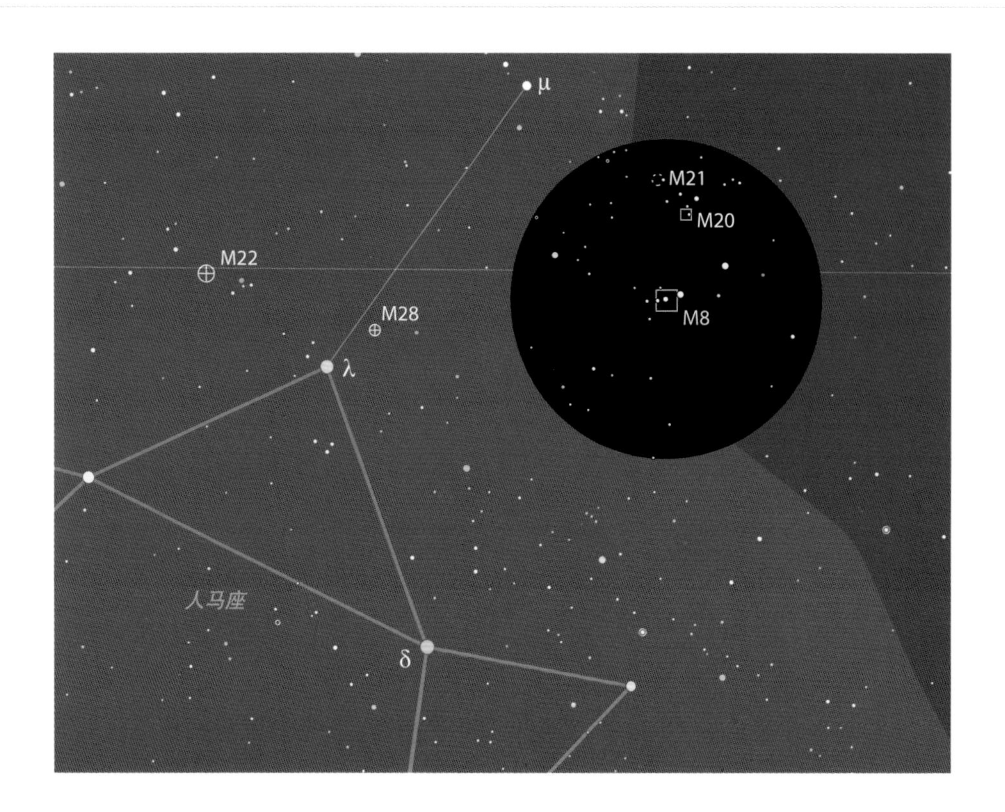

礁湖星云

对于双筒望远镜观星爱好者来说，这是一年中最好的时候。明亮的银心带着它的所有“宝藏”正穿过子午圈，对于很多读者来说这时的夜晚也非常温暖舒适。这两个原因使人很愿意在舒适的躺椅上度过悠闲观天的一晚，而礁湖星云 M8 是这个时节必看的目标之一。

虽然可以从人马座“茶壶”的“壶嘴”有条不紊地使用星桥法来寻找 M8，但在这片多星的天区中更适合通过扫视来找到它。当你看到一个虽然小但显眼的一串东西向的星链从中穿过的云雾状光斑时就会知道已经找到了目标。

在《梅西叶天体》一书中，奥米拉将礁湖星云形象地描述为“大量银河水汽的凝结物”。你能看到多少这个发射星云的“水汽”总是取决于天空条件。即便如此，4 月的某日当黎明的天空开始发亮时，我在有光污染的郊区后院里用 10 × 30 双筒望远镜很容易就看到了 M8。相信你在躺椅上会看得更好。

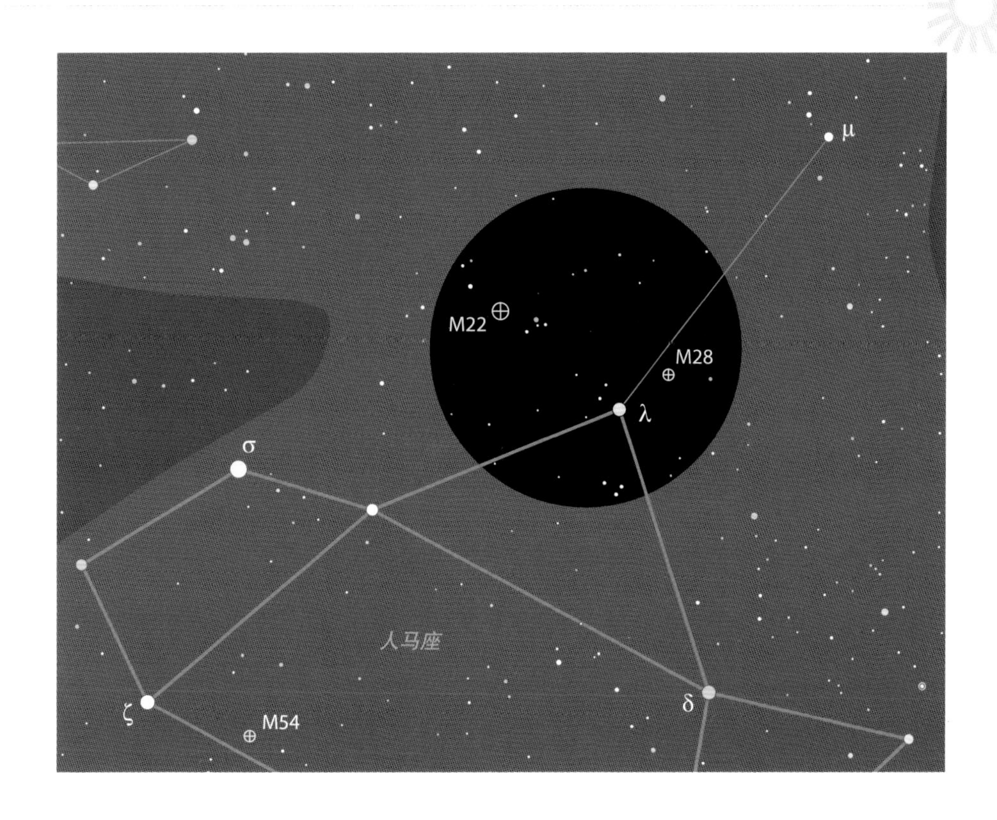

M22: 球状宝石

大多数北半球的观察者都有一种念头：那些最好的目标都在南方地平线以下，要去澳大利亚才能看到。虽然居住在北半球中纬度地区的人们确实无法看到全天最好的两个球状星团，但南方地平线之上还有人马座的M22等几颗“宝石”。

M22可能是北半球中纬度地区的双筒望远镜观星者在天空中能看到的最佳球状星团。它明亮（5.1等）且大（直径24′），容易在人马座“茶壶”顶部的λ星东北找到。你会看到一个样子不只是像一颗略微模糊的恒星的星团，即使天空有光污染，M22在10倍双筒望远镜中也呈现明显的球状。

为了寻找更多乐趣，将M22移到视场左侧，你会同时看到λ星和邻近的球状星团M28。这是个引人注目的天区。

虽然M13更有名，但实际上它比M22略小、略暗。关于北半球最佳双筒望远镜球状星团，我能想到的唯一竞争者是天蝎座的M4，因为它也是大而明亮，而且外观有趣。既然这3个球状星团都能在夏夜看到，为什么不亲自看一看哪个是你心中的最爱呢？

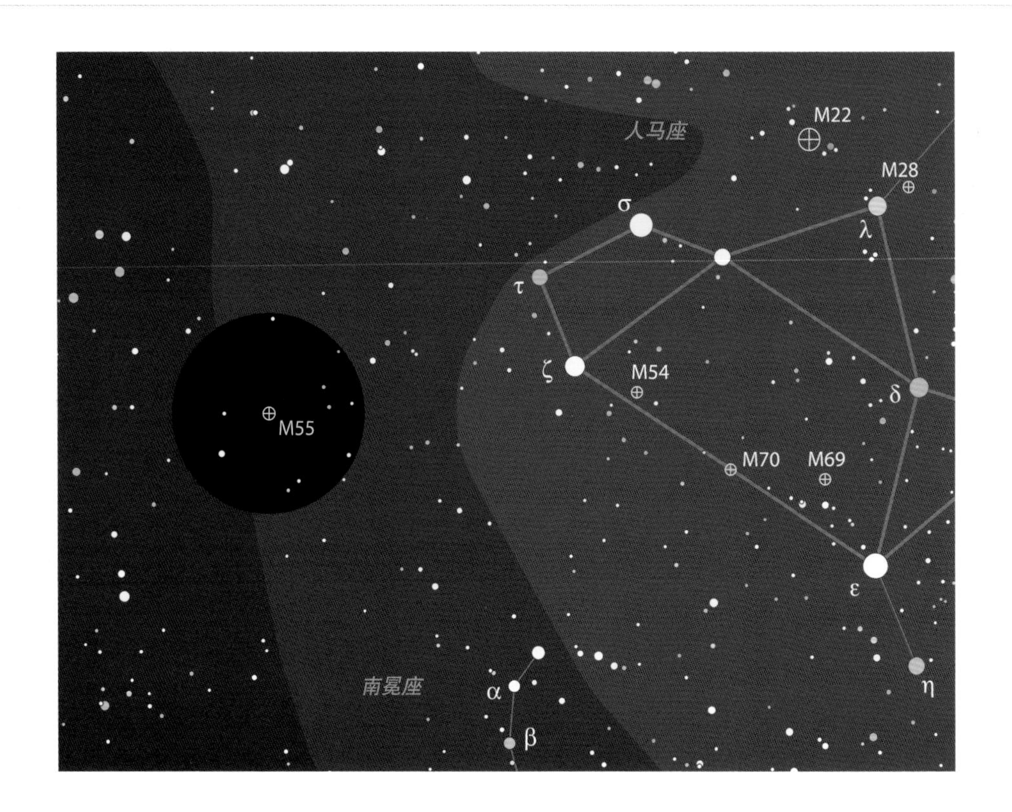

孤寂的梅西叶天体

我常常会想后院天文学家们最不常看哪个梅西叶天体，虽然这个问题的答案无法确定，但我猜测明亮的梅西叶天体中最少被关注的是M55。为什么？首先，这个球状星团在人马座，一些全天最壮观的天体会使它黯然失色。其次，M55的赤纬是-31°，对于北半球中纬度地区的观星者来说可观测的时间很短。我记得在许多年前我首次看完梅西叶星表的过程中，它的确是最后找到的目标之一。

M55位于一个很不起眼的天区，2.6等的人马ζ东约8°。尽管离群索居，但M55是一个可爱的目标，对于双筒望远镜观星者来说无疑是最有趣的梅西叶球状星团之一。因为它足够明亮(6.3等)，用10×30稳像双筒望远镜能很容易通过扫视找到它。它也比较大，梅西叶球状星团中只有天蝎座的M4和人马座的“邻居”M22看上去更大。在10×50双筒望远镜中，M55的确很像暗一些的M22。

对于光污染天空下的观星者来说，M55比它的大小和亮度数据所暗示的更加难见，因为这个球状星团没有确定的轮廓和高度凝结的核心，如果天空明亮，它几乎会融入背景之中。如果你到不了天空黑暗的地方，最佳的策略是在这个季节的黎明前尝试观察M55，此时的光污染没有那么严重。

秋

9月 — 11月

92 蝎虎座
（NGC 7243、NGC 7209）

93 仙王座
（NGC 6939、NGC 6946、μ、δ）

96 仙后座
（M52、NGC 7789、NGC 457、M103）

100 仙女座
（M31、M32、M110、NGC 752、56）

103 三角座
（M33）

104 双鱼座
（TX）

105 飞马座
（M15、危宿三）

106 宝瓶座
（M2、NGC 7293）

108 玉夫座
（NGC 253、NGC 288）

行星状星云
球状星团
弥漫星云
疏散星团
变星
星系

关于星图：

本书中用 3 种不同比例尺绘制星图，大、中、小视野星图的极限星等分别为 7.5、8.0 和 8.5。无论是哪一种星图，黑色圆形区域总是代表典型的 10×50 双筒望远镜视场。

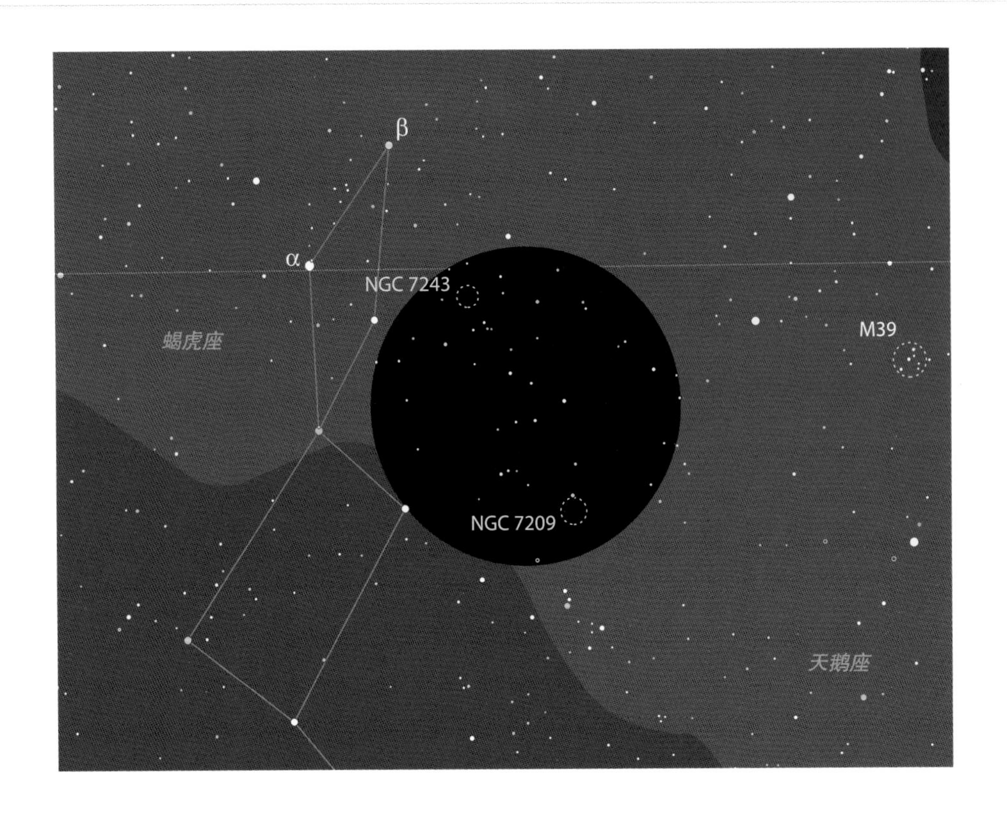

蝎虎座的两个星团

小小的蝎虎座容易迷失在那些引人注目的“近邻”之中。在郊区寻找这个星座的确是一项挑战，它的主星蝎虎座α仅仅略亮于4等。尽管如此，蝎虎座部分位于银河内，它占据了天鹅座和仙后座间的广阔天区，其中有一些相当多星的区域。用双筒望远镜观察，星座中主要恒星排列成像附近仙后座迷你版的形状。在这个形似仙后座的W附近有两个适合在黑暗天空条件下搜寻的疏散星团。

虽然算不上是样品，但它们都是那种表现为银河中局部更亮的小区域的许多双筒望远镜星团中的典型。二者中的NGC 7243更引人注目，其中约8颗恒星组成了东西向排列的近似矩形，用余光可以看到更多的星团成员星在视场中零星出现。附近的NGC 7209是一个圆形光斑，几颗暗星会偶尔在背景中显露。

有趣的是用双筒望远镜看这两个星团就是最好选择。记得一个夜晚我用10×30双筒望远镜观察它们，它们看起来不错，我期待它们在8英寸（20.32厘米）天文望远镜中会有更出色的表现。令我惊讶的是它们几乎消失了，8英寸所增强的集光力带来了如此多的暗星，以致星团完全混入其中。

我也看到过其他疏散星团的类似效应，在这种情况下普通双筒望远镜的有限集光力实际上是有利的。

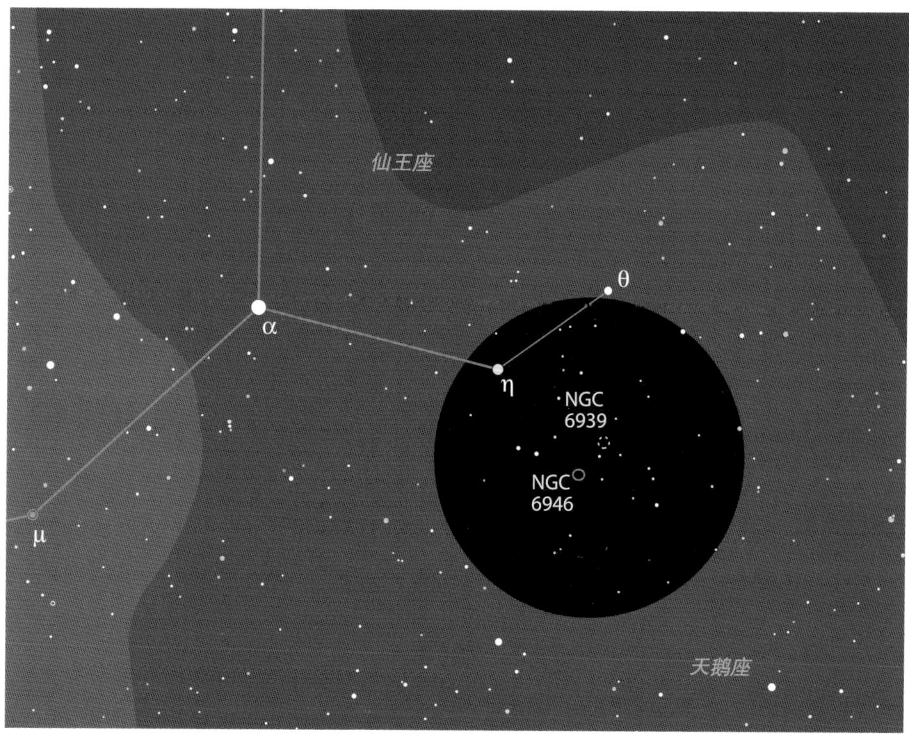

NGC 6939 和 NGC 6946

一眨眼就能跨越很多光年，至少看似如此。在仙王座的西南可以找到一对有挑战性的暗淡目标，它们相隔只有0.5°（月亮的视直径），但在空间上却相距千万光年。

两者中更容易看到的是 NGC 6939，它是银河系内的一个离我们 4 000 光年的疏散星团。虽然用双筒望远镜观察 NGC 6939 和 NGC 6946 像是很相似的“近邻”，但 NGC 6946 实际上是约 2 000 万光年以外的旋涡星系。当你在这两个模糊的光斑间来回看时，目光正在距离之比为 5 000 的两个远近目标间移动。

想找到天空中不般配的这一对需要有远离城市光污染的黑暗无月天空。在北天的高处找到仙王座，从仙王 α 向西 4°（接近双筒望远镜视场宽度）找到仙王 η，在 η 星西南 2° 你会找到这对疏散星团和星系，它们一同发出朦胧的光芒。

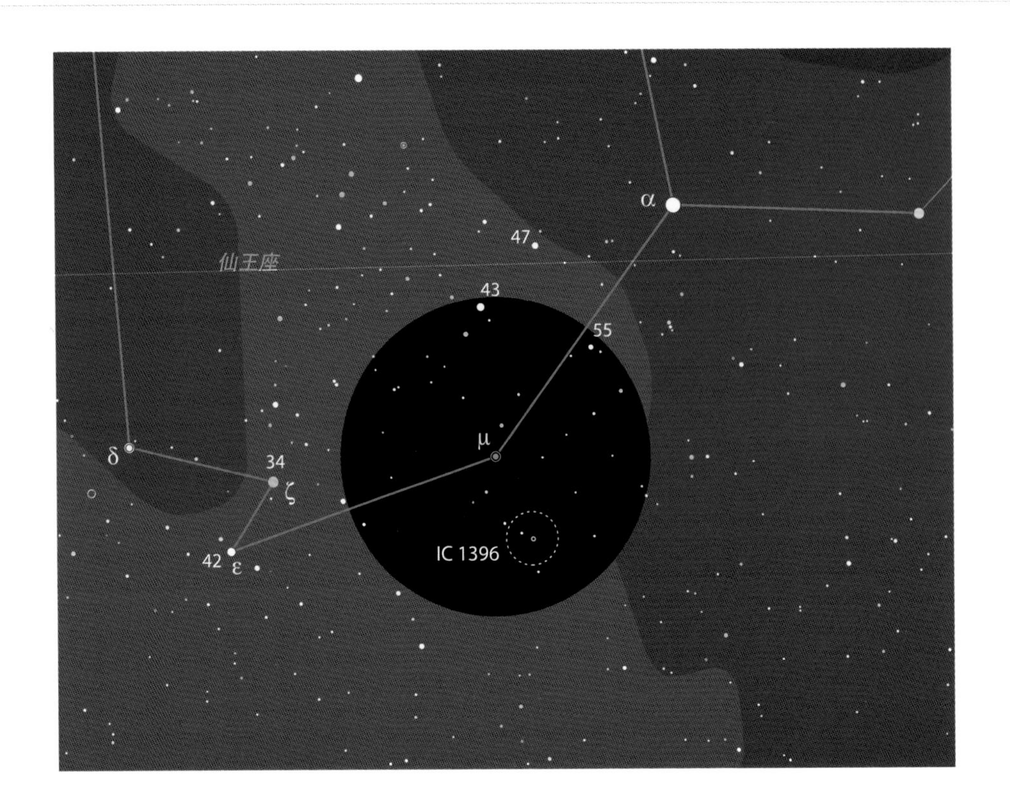

壮丽的仙王 μ

任何人的“双筒望远镜精华目标”列表中都很少列入单颗恒星，坦白地说，再痴迷的观星者也难以维持对普通恒星的观察兴趣。但也有一些例外，也许其中没有比仙王 μ 更值得注意的了。

仙王 μ 有许多特点，它看起来很有趣，并挑战我们对恒星的理解。和猎户座的参宿四一样，它也是一颗红超巨星，但比参宿四更大。如果把仙王 μ 放到太阳系的中心，其外层大气会延伸到木星轨道之外！事实上，仙王 μ 直到近期还是已知的最大恒星。

醒目的红色使仙王 μ 以威廉·赫歇尔（William Herschel）的石榴石星（Garnet Star）而闻名，它的确是天赤道以北用肉眼所能看到的最红恒星。但恒星的颜色通常比大多数人所认为的更弱，所以不要期待看到宝石红闪耀在漆黑的背景上。虽说如此，即使用 10×30 双筒望远镜观察，仙王 μ 也会呈现明显的黄橙色，因此容易在美丽的星野中辨认出来。

仙王 μ 看起来有趣的另一原因是它是一颗半规则变星，星等在 3.4 ~ 5.1 之间变化，最亮时的亮度是最暗时的近 5 倍（上图中标记了用于比较的恒星星等，省略了小数点）。去看它的理由还不充足？想想它复杂而有些无法预测的亮度变化。从 19 世纪 40 年代至今的数据显示它有两个亮度变化周期：短的主周期为 850 天，长的副周期为 4 400 天。要想知道它的当前亮度，最好的方法是去亲自看一看。

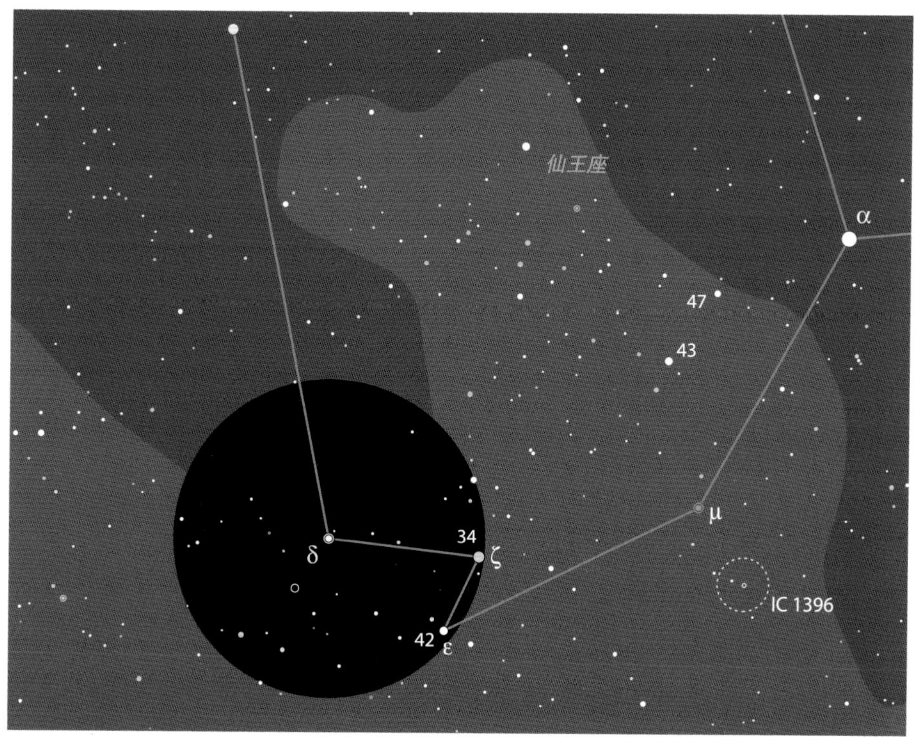

观察仙王 δ

很少有恒星能像仙王 δ 那样带给观测者这么多的快乐。它不仅是一颗著名的变星，也是一颗引人注目的双星。双筒望远镜中的仙王 δ 是一颗美丽的双星，也是具有挑战性的目标。虽然用 15 倍稳像双筒望远镜分解这对角距为 41" 的双星没有困难，但使用 7 倍双筒望远镜的观星者很可能难以找到那颗 6.3 等的伴星。

双星中的主星因作为造父变星的原型而为人所熟知，造父变星是一类恒星，它们在测量天体间距离时可以作为“标准烛光”。具体到仙王 δ，它在 5 天多的时间（精确地说是 5.366341 天）中，亮度从 4.4 等提升到 3.5 等后再回落到最低亮度。虽然观察它的亮度变化用双筒望远镜并非必要，但当它的亮度下降到最低时，双筒望远镜对城市中的观星者会有帮助（上图中给出了用于比较的恒星星等，省略了小数点，如标记 42 的恒星星等就是 4.2）。

观察仙王 δ 的亮度变化会使人上瘾，也许经过几个夜晚的观察，你会发现自己想要更深入地探索迷人的变星观察领域。如果这些变星激起了你的好奇心，你可以考虑加入美国变星观测者协会（AAVSO）。你可以通过访问它的网站（www.aavso.org）对这个组织以及变星的知识有更多了解。

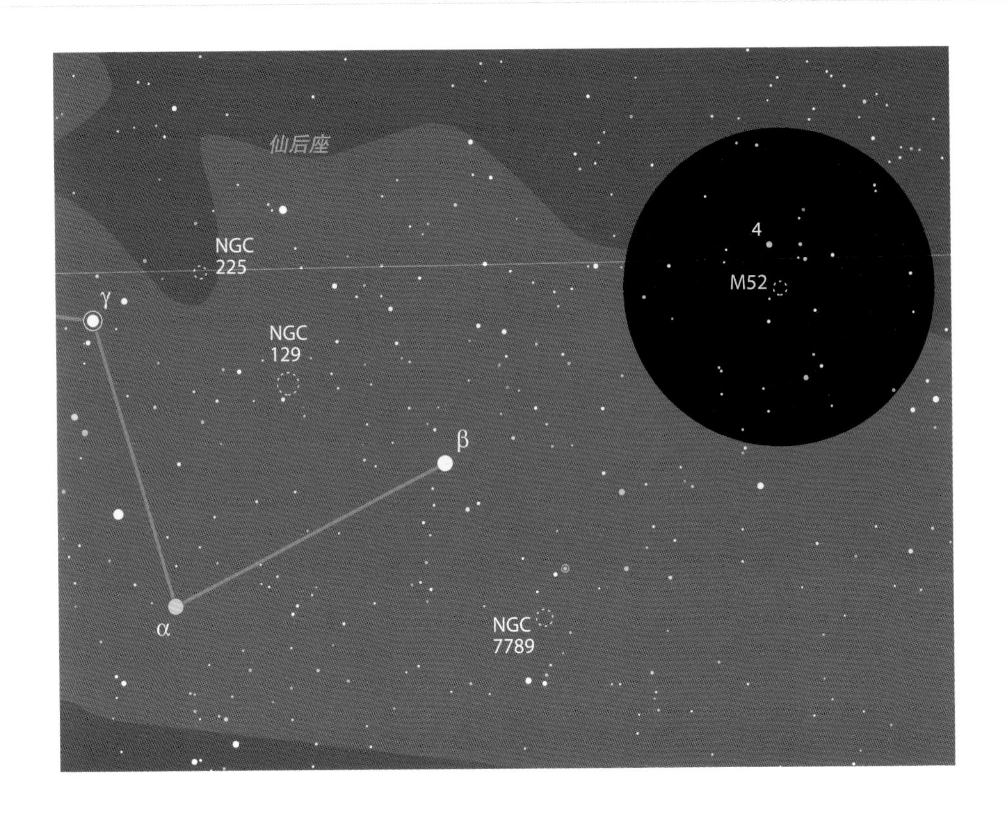

仙后座的 M52

从天鹅座绵延到御夫座的广阔银河中富含星团。8 个梅西叶星表中的疏散星团位于其中，包括仙后座的 M52，它高悬在每年这个时节的夜空中。

虽然星表上 M52 有 6.9 等，属于比较明亮的目标，但寻找 M52 可能有点挑战性，取决于天空条件。找到它肯定要比找到一颗 7 等星更难，因为它的亮度被分散成一个 12′ 的弥散光斑。

幸好 M52 的位置容易找到。只需将仙后 α 和 β 的连线向前延长至与这两星间距离相等的长度，你就会在仙后 4 这颗 5 等星的南边仅 0.8° 看到 M52。在我的郊区后院，用 10 × 30 双筒望远镜只能从由星团暗星组成的云雾中明确辨认出一颗恒星。你呢？

另外请注意附近的 NGC 7789（见下页），还有仙后 4 西边不到 1° 的由一群 6 等、7 等星组成的迷人曲线。

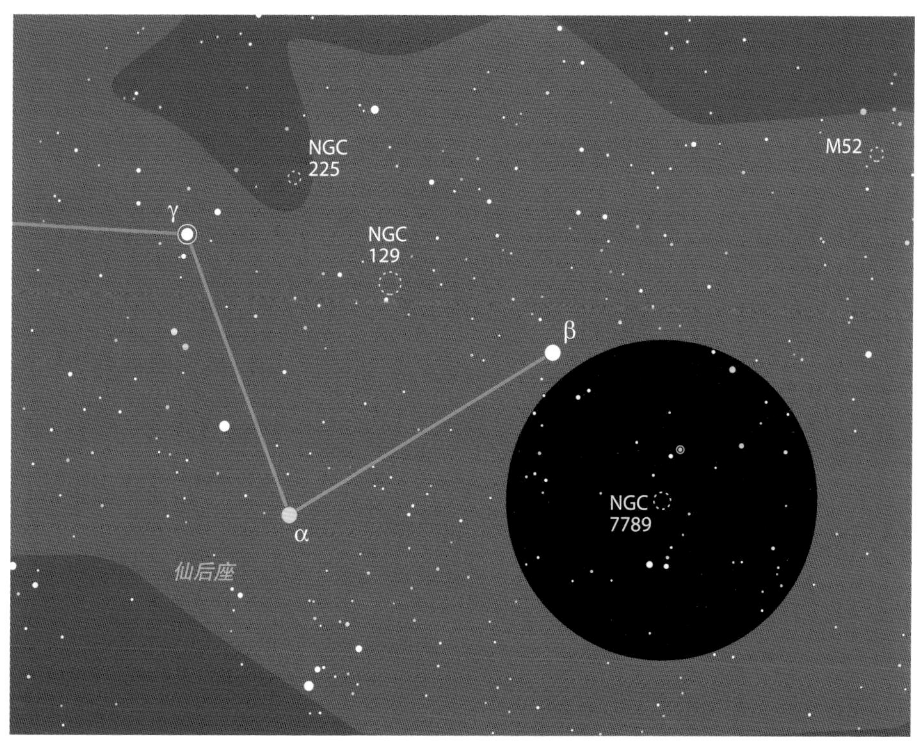

银河星团 NGC 7789

许多天文爱好者想当然地认为梅西叶在 18 世纪编写的“伪彗星表”代表了天空中最好、最亮的深空天体。但是因为各种原因，很多精彩的目标被梅西叶留在了星表之外，其中包括一些很适合用双筒望远镜观察的疏散星团。NGC 7789 就是一个特别迷人的非梅西叶疏散星团，位于仙后座 W 的西部，在仙后 β 西南大约半个双筒望远镜视场的距离上可以找到它。

秋季的银河从天鹅座北部流经仙后座、英仙座，到御夫座时变淡了，这个星团就是其中被埋没的“宝石”之一。我经常在随意扫视这个天区时“重新发现”NGC 7789，虽然用星桥法能最快地找到这个星团，但我发现如果能多看看附近的景观会更有乐趣。

NGC 7789 呈现为在布满 7 等、8 等星的多星背景上的一个比较显眼的圆形模糊光斑。不要期待用普通双筒望远镜看到星团中的单独恒星，虽然 NGC 7789 包含大约 1 000 颗恒星，但它们都很暗。

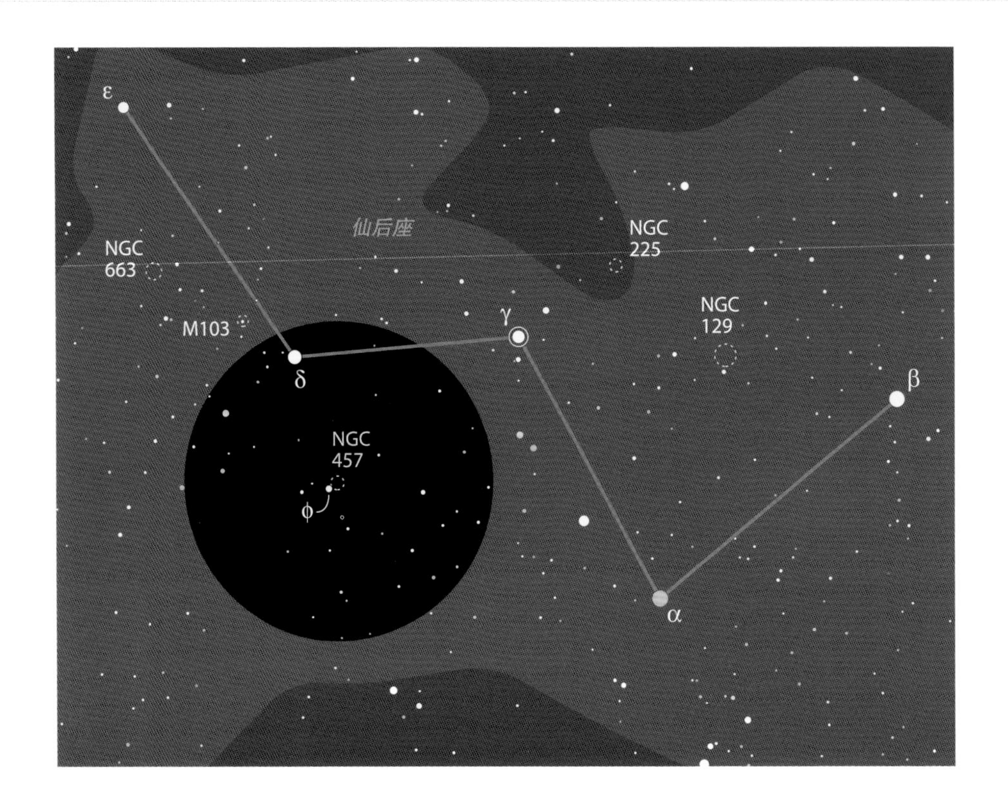

E.T. 星团

整个仙后座都是双筒望远镜观星者的乐园，北天银河中很少有哪一段能有这么多有趣的星团和布满繁星的景象。易于导航当然也是这个星座的优点，即使是观星新手也容易在仙后座特有的 W 形状附近找到他们的目标。

仙后 δ 以南略偏西 2° 是这个天区中最吸引人的景观之一，即 NGC 457，也被称作 E.T. 星团，因为它像 1982 年电影《E.T.—— 外星人》（*E.T.—The Extraterrestrial*）中可爱的外星人主角。每年的这个时节 E.T. 会头朝下倒立。仙后 ϕ 和它的 7 等伴星作为 E.T. 的“眼睛”在黑暗中发出光芒。几条恒星组成的线像是 E.T. 的身体和腿，而一对曲线代表 E.T. 的胳膊，其中一只胳膊举起，像是指着天空。想要辨认出 E.T. 的这些形体特征需要耐心、黑暗的天空以及 10 倍以上有三脚架支撑的双筒望远镜。在低倍下这个星团不过是仙后 ϕ 与伴星旁边的一个拉长了的模糊光斑。

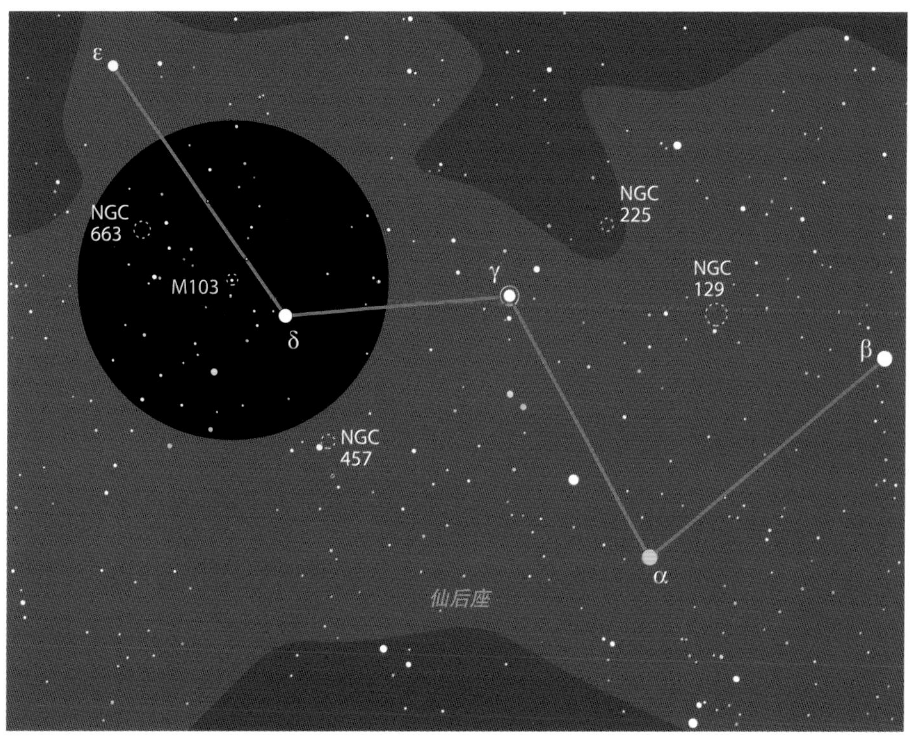

疏散星团 M103

仙后座一段的银河中遍布疏散星团，疏散星团一般被认为是低倍率大视场望远镜中最有趣的目标类型。事实上在经典的 3 卷《伯纳姆天体手册》（*Burnham's Celestial Handbook*）的仙后座部分中列举了至少 26 个疏散星团，比其他星座都要多。但梅西叶只记下了两个——M52 和 M103。

如果把仙后 δ 置于双筒望远镜视场的中心，你也就仿佛在星团城的中心了，同一视场中有 M103、NGC 663 和其他几个更暗的星团。M103 是其中最亮的，在仙后 δ 东北不到 1°，容易找到。用双筒望远镜可看见星团中的恒星聚集成紧密的小等边三角形，3 颗显眼的成员星组成了三角形的一边。较高的倍率一定会对展现这一切有帮助，所以如果你有 10 倍以上的双筒望远镜，请使用它们。即使是在有光污染的郊区天空中，M103 也有足够多的亮星来引起你的注意。另一方面，虽然它可能包含 100 颗恒星，但即使在最黑暗的天空，也只有不多的星团成员星亮到能被双筒望远镜看到。

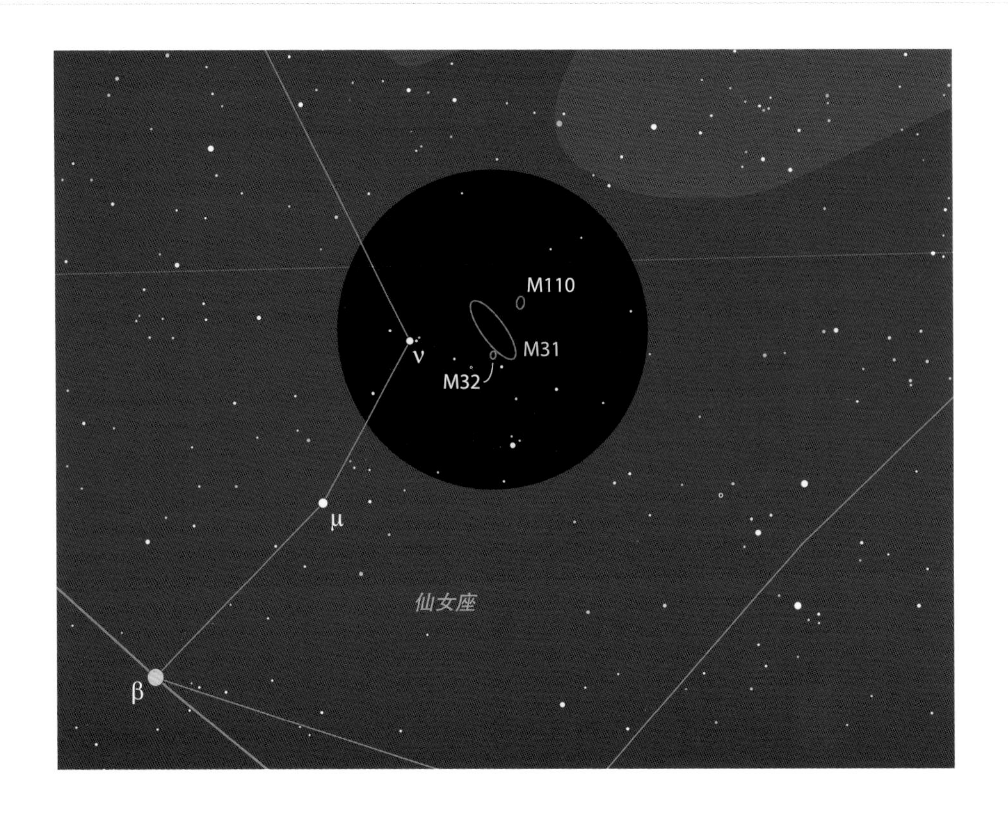

壮丽的 M31

毫无疑问，仙女大星系 M31 是最令双筒望远镜观星者印象深刻的星系。将天赤道南北全算上，除了银河和大、小麦哲伦云，M31 是最亮、最大的星系。它也是用双筒望远镜与用天文望远镜观看一样可以得到丰厚回报的少数目标之一。

这个星系位于仙女 β 、μ 、ν 连线的末端，只要天空比较黑暗，便容易被肉眼看到。M31 令人难忘的表现是因为离我们只有大约 250 万光年，是离银河系最近的大星系，略大于银河系。

这个星系在双筒望远镜中的表现取决于天空条件。在城市中，M31 看起来很像一个没有尾巴的小彗星，只有最明亮的核心部分会显现出来。然而，在天空黑暗的地点看，M31 的明亮核心会扩散成为一个几乎对称的、贯穿半个双筒望远镜视场的暗淡椭圆。请花点时间观察，用侧视法（稍微把目光移离目标）看看你能追踪到多大的星系范围。在银河系内前景星的衬托下，M31 这个巨大的发光体是用双筒望远镜观察的天空中最引人入胜的景象之一。

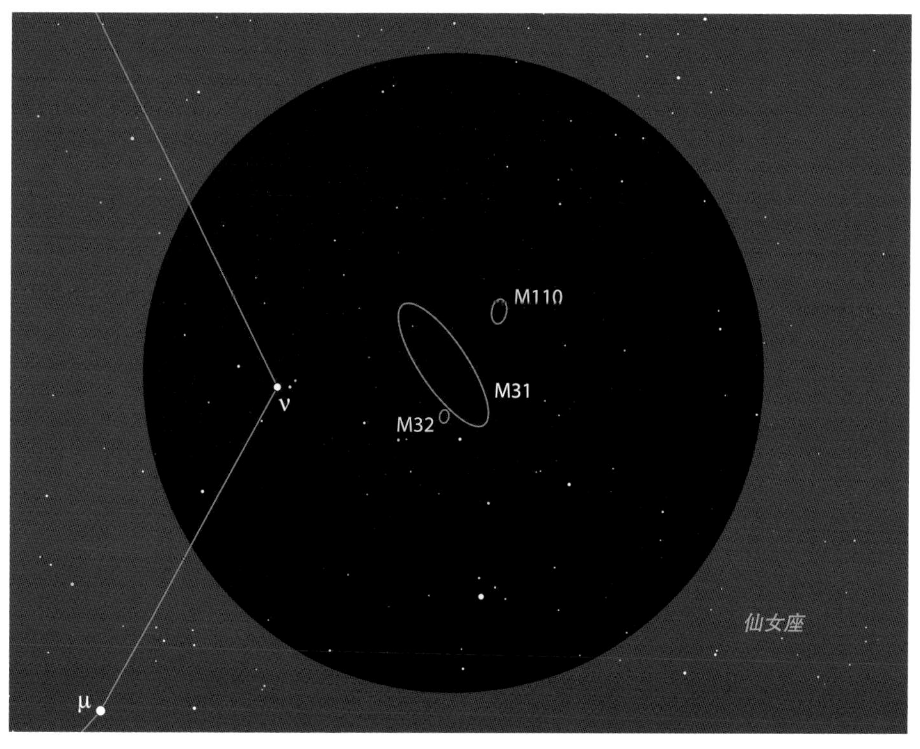

仙女大星系的伴星系

任何关于夜空中“双筒望远镜精华目标”的列表中一定会有仙女大星系M31。也许是因为这个深空珍宝太有名了，以至于它的两个伴星系很少被关注。

矮椭圆星系M32位于仙女大星系的明亮核心的正南方。对于双筒望远镜观星者来说这个目标之所以观测困难，与其说是因为它暗淡（8.1等），还不如说是因为在典型双筒望远镜的低倍率下难以将它同一颗恒星区分开来。幸运的是它位于一颗可作为比较物的7等恒星东北仅0.2°。虽然10倍双筒望远镜中的M32看上去很小，但和它邻近的恒星相比，这个小星系有着明显的模糊外观，像一颗轻微散焦的恒星。

仙女大星系的另一个伴星系是位于它的北略偏西的椭圆星系M110。虽然M32可以在光污染不太严重的条件下被看到，但要想若隐若现地看见M110则需要黑暗的天空。与M32相比，M110仅暗一点（8.9等），但因其弥散而更难被看到。我发现侧视法有助于用10×50双筒望远镜更容易地看见这个模糊的光斑。

从给人带来视觉震撼上说，无论是M32还是M110都远不能和仙女大星系相比，但它们就自身而论也是有趣的目标。所以当你下次看M31时，请花几分钟欣赏其被忽视的伴星系。

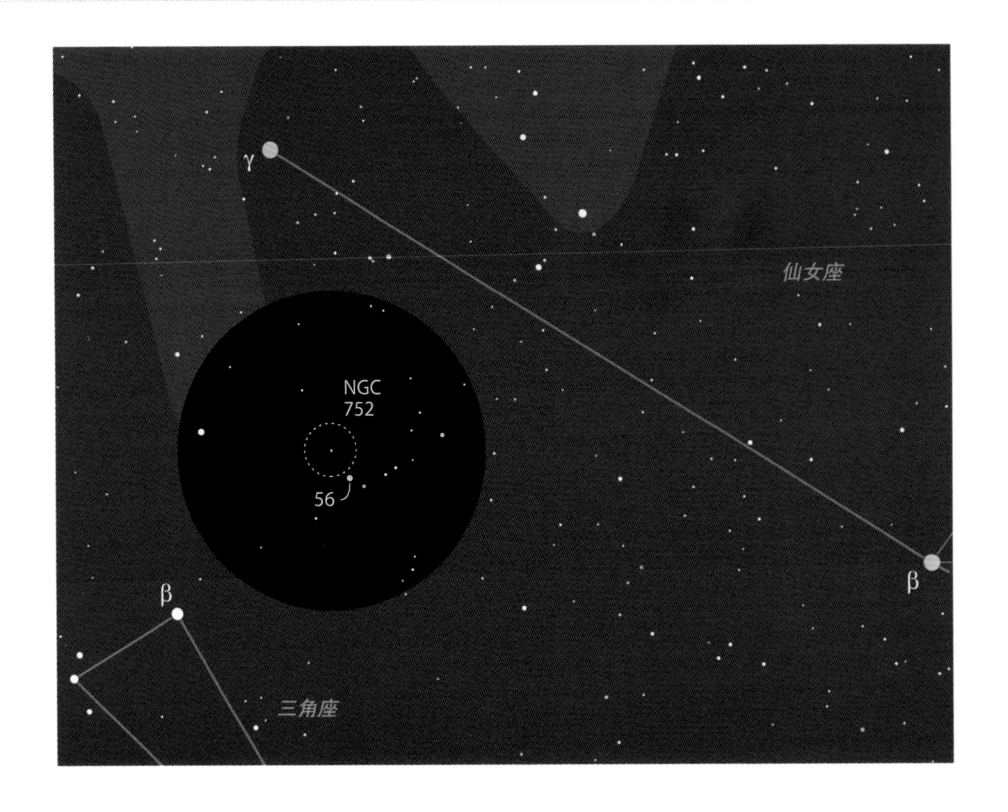

古老的星团 NGC 752

没听说过 NGC 752？这不足为怪，人们容易忽略这样一个与壮丽的星系 M31 及壮观的英仙座双重星团出现在同一片夜空中的星团。然而，NGC 752 确实有魅力，很值得去寻找。

关于 NGC 752 最值得注意的是它的年龄非常老。大多数疏散星团的年龄以千万或亿计，然而天文学家们将 NGC 752 的年龄判定为大约 20 亿年。它的古老在双筒望远镜中可以微妙地呈现：随着时间推移，星团中的恒星会逐渐散开，NGC 752 稀疏的外观至少部分是这一过程产生的结果。要判断星团的中心在哪儿确实有些挑战性。

我看过最好的几次 NGC 752 中有一次是一年夏天在加拿大落基山露营时。这个星团用肉眼依稀可见，用 10 × 30 稳像双筒望远镜观察时表现相当好。我用侧视法能看到十几颗暗淡的星团成员星在视场中时隐时现，但难以说出哪里是星团之终、场星之始。星团中的恒星和场星加在一起给人以星团有接近 2.5° 的印象，虽然它在星表上的大小还不到这个的一半。

还有一道景观作为奖励，请看双筒镜双星仙女 56，它靠近 NGC 752 的西南边缘。这对双星包含两颗角距达 200″ 的 6 等星，是在不够清澈的天空中也容易观察到的目标。

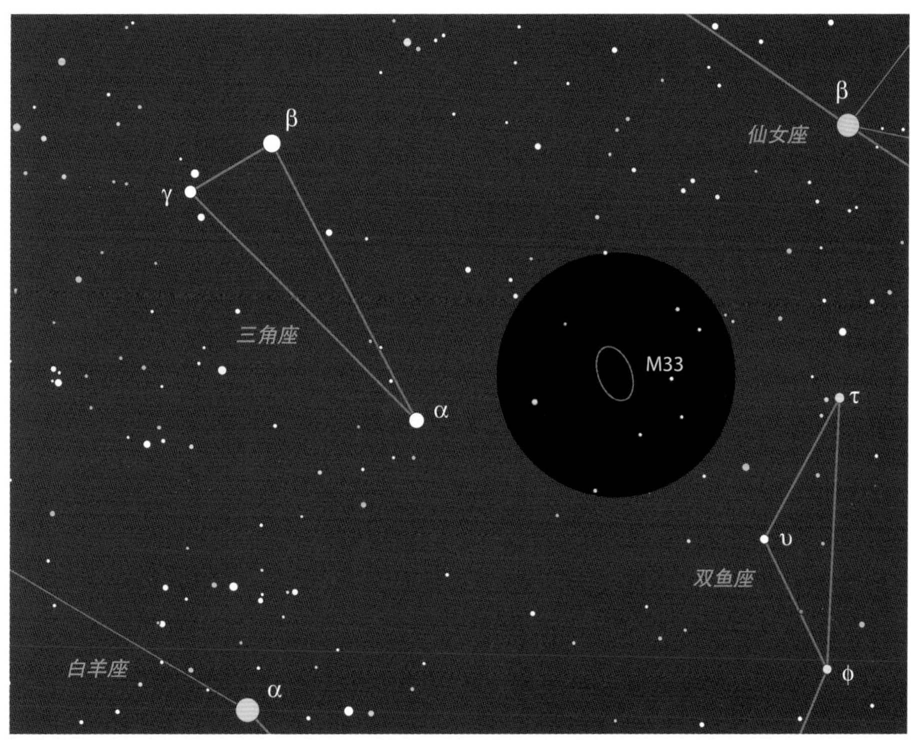

三角座的“珍宝”

值得用双筒望远镜观看的星系很少，梅西叶星表的39个星系中确实只有2个星系在普通双筒望远镜中明显胜过微小的斑点。其中一个是仙女大星系M31，是本书中出现过的最佳星系。另一个就在附近，它是小星座三角座中的M33。

找到M33的位置很容易，它与3.4等的三角 α 可以同时被纳入双筒望远镜视场。然而，这个星系也被认为是难以观测的目标，看着它的数据你也许想问为什么。M33视面积大（73′×45′），有5.7等，在黑暗的天空中用肉眼就能看到。但有经验的观星者知道对于深空天体来说最重要的常常是面亮度，这正是问题所在。如果你把M33的总亮度铺到它那么大的视面积上，目标就将暗到在月光乃至不太严重的光污染中消失的程度。

不过，从我的郊区后院用10×30稳像双筒望远镜寻找M33是件轻松的事情，这个星系看上去像一个模糊暗淡的小橄榄球。换成15×45稳像双筒望远镜来提高倍率没有改变星系的整体外观，但确实更容易看到。M33的非同寻常之处是它没有特别引人注目的亮度轮廓，虽然星系确实向中心逐渐变亮，但它比大多数深空天体亮度更均匀。比较M33和M31后你就明白我的意思了。与M33不同，仙女大星系有一个像恒星那样的明亮核心，这也是在明亮的天空中它比M33容易看得多的一个原因。

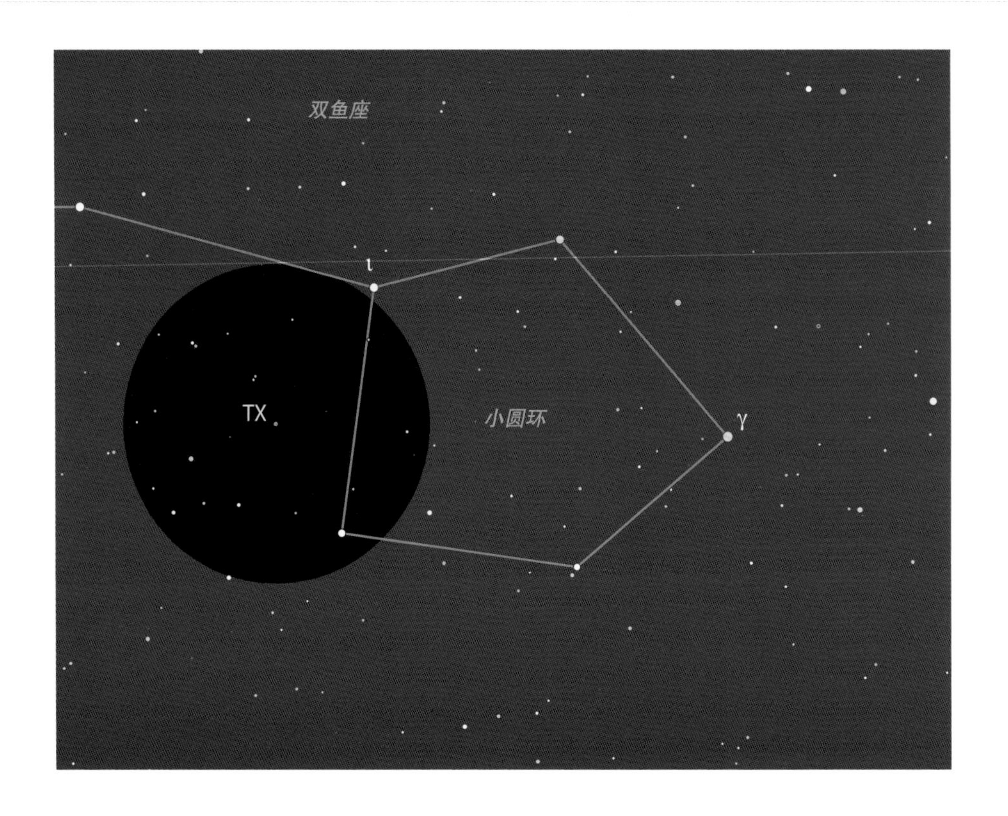

双鱼 TX

飞马大四边形南边有一群被称作小圆环的双鱼座恒星。上图中连起了小圆环中最亮的 5 颗星，但在清澈的天空中你会看到另外 2 颗星，使圆环更接近于椭圆形。2 颗星中东边的那颗就是碳星双鱼 TX，亮度在 4.8 等与 5.2 等间轻微变化。

双鱼 TX 也称双鱼 19，是已知的最红恒星之一，原因是大气中的碳扮演了红色滤镜的角色，阻止较短波长（更蓝）的蓝光通过。然而，这颗恒星的颜色看上去远没有那么强烈，用双筒望远镜观察双鱼 TX 呈显著的深金橙色，当你寻找它时可以用颜色来辨识，但当你随意扫视这一天区时也可能会错过它。

这颗碳星展现了天文观测的一面：它经常会带给观星新手种种惊奇，宇宙之美远比通常预想的更加微妙。颜色和亮度上的极端个体都很稀少。虽然双鱼 TX 可以被合理地称为“红色恒星”，但如何描述其色彩在一定程度上却因人而异。

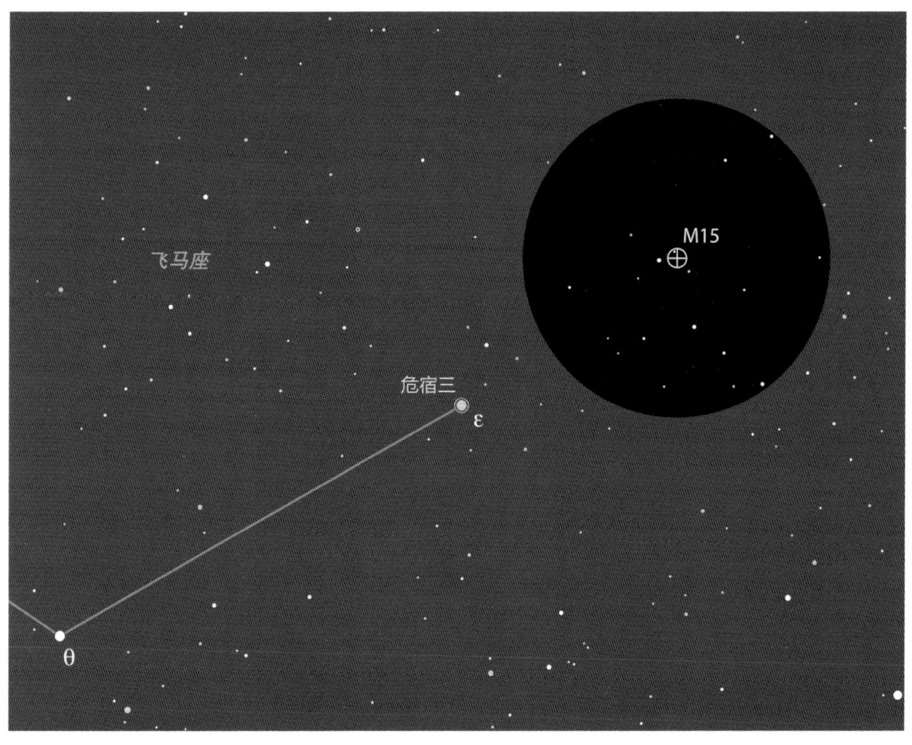

向夏天告别

在前文中我说入夜时天空中球状星团 M3 的出现表示北半球的夏天就要到了。正如 M3 标志着夏季明亮球状星团群的开头，M15 标志着球状星团群的末尾，预示着夏天的结束。它们像是夏季的一对书立，有一些共同的特征，特别是双筒望远镜观星者看来。

高悬在秋季夜空中的 M15 的亮度和 6 等星差不多，M3 也是这样。这意味着 M15 也明亮到几乎无论天空中的光污染有多严重都能用双筒望远镜看到的程度。用双筒望远镜观察的这两个星团都很小，几乎像一颗恒星。然而和 M3 相比，M15 有很重要的一点不同——很容易被找到。

飞马 ε 又名危宿三，是一颗 2.4 等的恒星，它差不多位于飞马大四边形的正西。将危宿三移到双筒望远镜视场的东南边缘，M15 就会出现在视场的西北边缘，这个球状星团和那颗秋季的金色恒星是引人注目的一对。

与星系、疏散星团甚至行星状星云相比，天空中的球状星团很稀少。关于银河系中球状星团的最新统计中只有 154 个，像 M15 这样壮观的星团就更少了，比它更亮的球状星团只有 11 个。

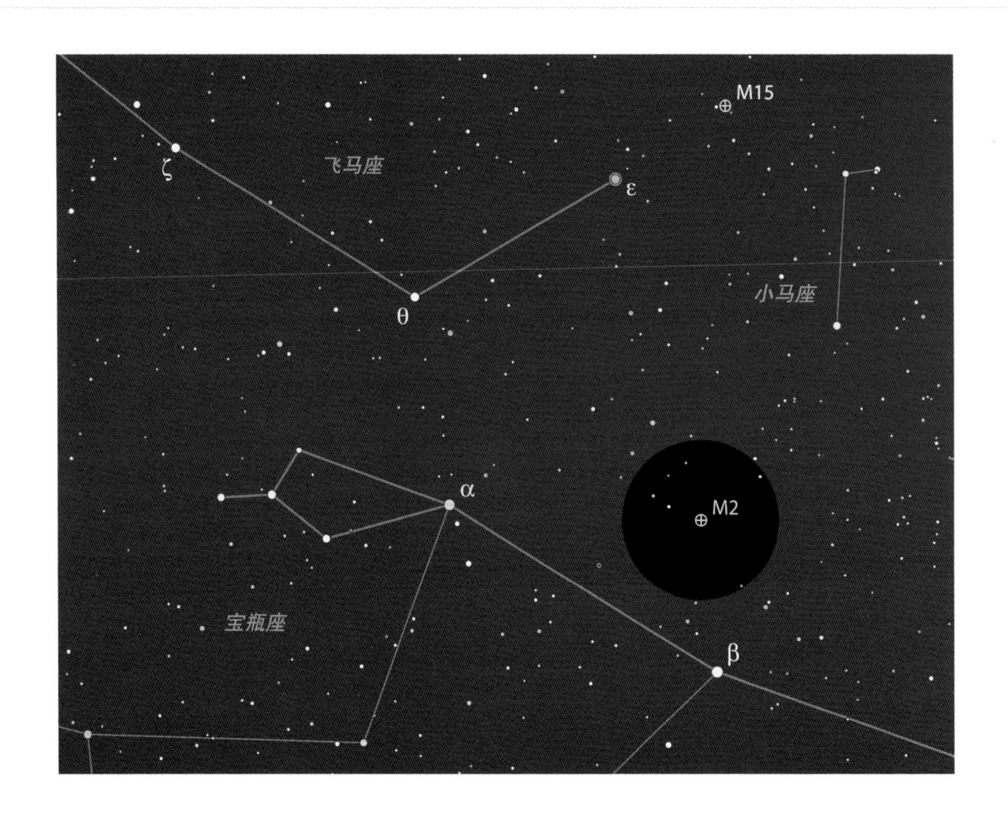

M2 在闪耀

探索深空奇观对于城市和郊区的观星者们而言是件苦差事。光污染使夜晚不再黑暗，导致许多暗淡而模糊的有趣目标几乎不可能被看到。然而，明亮天空对于各种深空天体的影响是不同的，有些类型的目标受光污染的不利影响相对较小。

和许多最佳球状星团一样，M2 小而明亮，这使它有着高面亮度。它的光集中在一个小区域，用双筒望远镜观察，它看上去很像一颗非常轻微失焦的 6.4 等恒星。虽然恒星状的外观使它容易被看到，但也使它更难以被辨认。所幸 M2 离银河中多星的天区足够远，附近很少有亮度相似的光点可以与它混淆。如果将宝瓶 β 置于双筒望远镜视场的底部，即使是在明亮的城市天空中你也能辨认出这个星团。当你在 M2 附近观看时还可以向北移动去看看 M15。这两个星团有着同样的亮度，大小也差不多，你会发现其中一个比另一个看起来略微显眼。

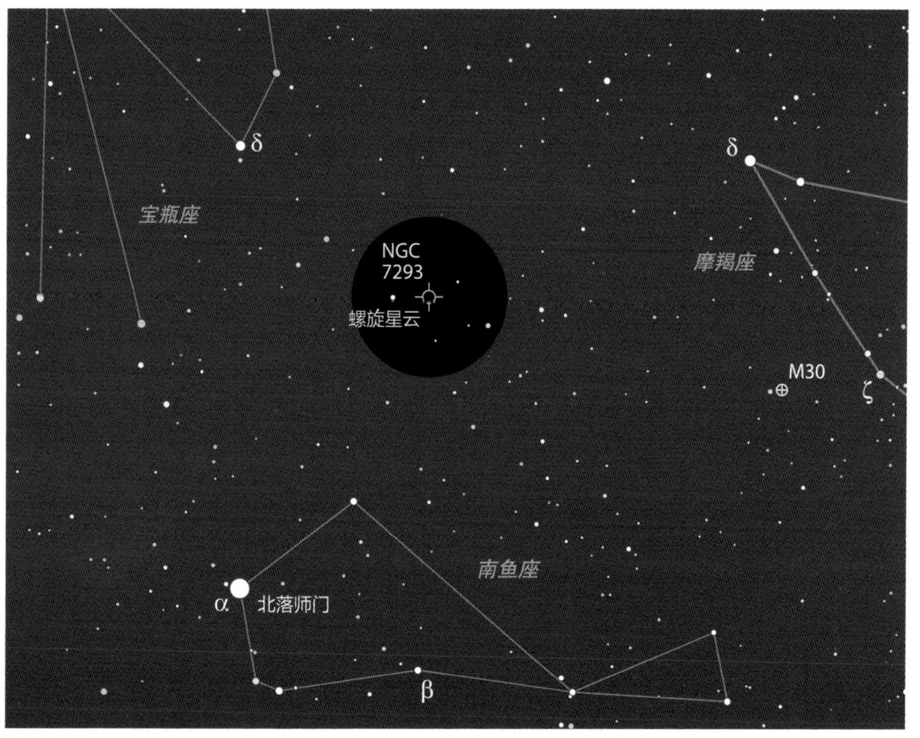

幽灵般的螺旋星云

即使在大型业余望远镜中，大多数行星状星云都是暗淡、恒星状的目标。少数有名的，如天琴座环状星云呈现为发光的小圆盘。大而明亮到能成为用双筒望远镜观察的有趣目标的行星状星云最稀少，而螺旋星云 NGC 7293 就是其中的一个。

螺旋星云位于宝瓶座中一片非常少星的天区。找到它的最好方法是从摩羯 δ 开始，向东南方向朝着这片天区中最亮的恒星——北落师门——移动，在这两颗星的中间附近可以找到这个行星状星云。

星表中它的大小差不多有 13′，是环状星云直径的 10 倍以上，亮度是 7.3 等。你可能会认为要找到螺旋星云不会太难，但要注意它的光分布在一个大的区域，所以它是一个低面亮度的难观测目标。即便如此，在加拿大不列颠哥伦比亚省科宝（Kobau）山非常黑暗的天空中，我用 10 × 30 稳像双筒望远镜可以不太困难地辨认出它的圆形光环。用倍率更高的双筒望远镜也许能在没那么清澈的天空中看到螺旋星云。

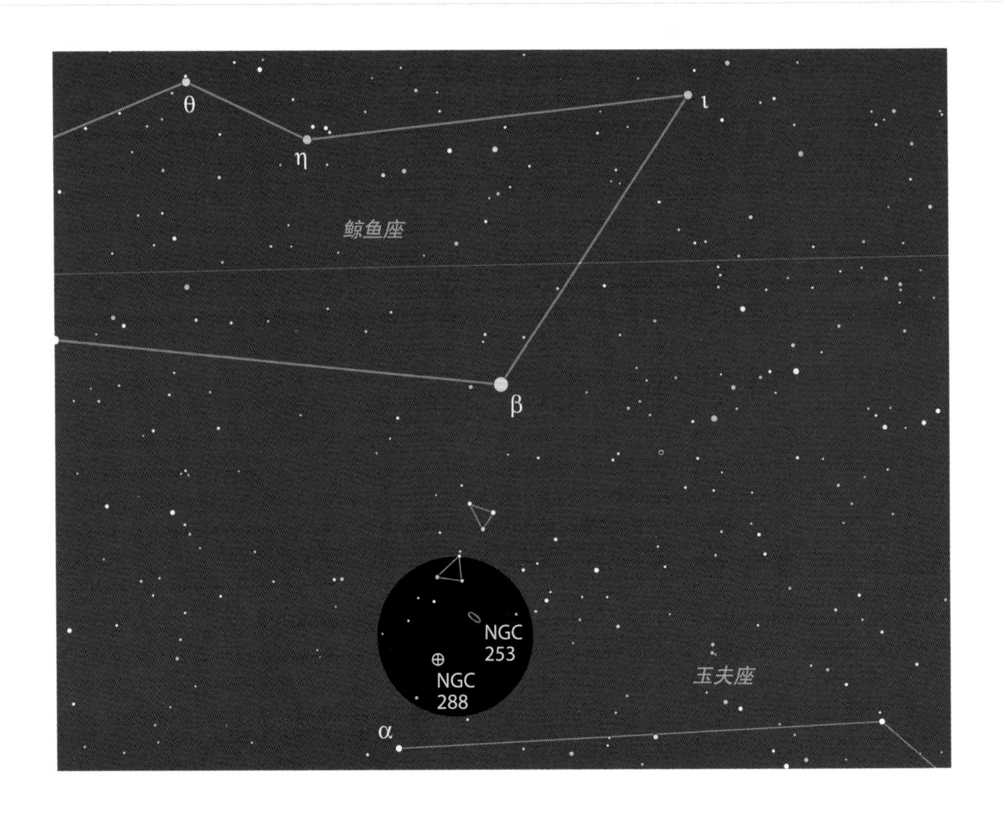

有挑战的 NGC 253 和 NGC 288

一些双筒望远镜观星者喜欢搜寻处在能见度极限的深空天体。当然双筒望远镜的极限挑战目标与天文望远镜不同，但捕捉到难观测目标时的激动是同样的。秋夜中有两个目标可以测试你的观察技巧与天空条件：侧向的旋涡星系 NGC 253 和球状星团 NGC 288。

先从二者中更容易观察的星系 NGC 253 开始吧。5 等、6 等星组成的两个标志性的三角形会将你从鲸鱼 β 引导到它的位置。在晴朗、黑暗、无月的天空中，即使用 7×50 双筒望远镜也能容易地看到 NGC 253 的细长形状。

如果你不太费劲就找到了 NGC 253，试试能否找到其东南方不到 2° 的小得多的 NGC 288。虽然这个星团大到足以在 10 倍双筒望远镜中呈现非恒星状，但也暗到不容易看到的程度。用侧视法寻找它吧。在很暗的地点我用 10×30 双筒望远镜可以隐约看到 NGC 288，如果看不到也不要灰心，可能只是因为你的天空条件不够好。

秋

目标列表

星座	目标	星等	类型	页码
仙女座	仙女 56	5.8,6.1	双星	102
仙女座	M31（仙女大星系）	4.3	星系	100
仙女座	M32	8.1	星系	101
仙女座	M110	8.9	星系	101
仙女座	NGC 752	5.7	疏散星团	102
宝瓶座	M2	6.4	球状星团	106
宝瓶座	NGC 7293（螺旋星云）	7.3	星云	107
天鹰座	巴纳德的“E”字	无	星云	72
御夫座	M36	6.0	疏散星团	25
御夫座	M37	5.6	疏散星团	25
御夫座	M38	6.4	疏散星团	25
牧夫座	牧夫 δ	3.6,7.9	双星	46
牧夫座	牧夫 μ	4.3,6.5	双星	46
牧夫座	牧夫 ν	5.0,5.0	双星	46
鹿豹座	甘伯串珠	无	星组	16
鹿豹座	NGC 1502	6.9	疏散星团	16
巨蟹座	巨蟹 ι	4.0,6.5	双星	48
巨蟹座	M44（蜂巢星团）	3.1	疏散星团	49
巨蟹座	巨蟹 ρ	5.9,6.3	双星	48
猎犬座	M3	5.9	球状星团	44
猎犬座	M51	8.9	星系	41
猎犬座	M94	8.2	星系	43
猎犬座	M106	9.1	星系	42
大犬座	Cr 132	3.6	疏散星团	33
大犬座	Cr 140	3.5	疏散星团	33
大犬座	M41	4.5	疏散星团	30
仙后座	M52	6.9	疏散星团	96
仙后座	M103	7.4	疏散星团	99
仙后座	NGC 457（E.T. 星团）	6.4	疏散星团	98
仙后座	NGC 7789	6.7	疏散星团	97
半人马座	NGC 5139（半人马 ω）	3.9	球状星团	56
仙王座	仙王 δ	3.5 ~ 4.4,6.3	变星 / 双星	95
仙王座	仙王 μ	3.4 ~ 5.1	变星	94
仙王座	NGC 6939	7.8	疏散星团	93
仙王座	NGC 6946	9.7	星系	93
后发座	梅洛特 111	无	疏散星团	45
后发座	后发 17	5.3,6.6	双星	45
后发座	NGC 4565	10.3	星系	45
北冕座	北冕 R	5.8 ~ 14.8	变星	47
天鹅座	天鹅 61	5.2,6.0	双星	64
天鹅座	天鹅 79	5.7,7.0	双星	64
天鹅座	辇道增七	3.4,4.7	双星	62
天鹅座	B168	无	星云	66
天鹅座	M39	4.6	疏散星团	65
天鹅座	天鹅 μ	4.4,7.0	双星	64

续表

星座	目标	星等	类型	页码
天鹅座	天鹅 o[1]	3.8,4.8,7.0	三合星	63
天龙座	天龙 ν	4.8,4.9	双星	60
双子座	M35	5.1	疏散星团	26
双子座	NGC 2158	8.6	疏散星团	26
武仙座	M13（武仙大星团）	5.8	球状星团	61
长蛇座	M48	5.8	疏散星团	52
长蛇座	长蛇 U	5 ~ 6	变星 / 双星	53
长蛇座	长蛇 V	6 ~ 10	变星 / 双星	53
蝎虎座	NGC 7209	7.7	疏散星团	92
蝎虎座	NGC 7243	6.4	疏散星团	92
狮子座	NGC 2903	9.6	星系	50
狮子座	轩辕十四	1.4,8.1	双星	51
狮子座	狮子 τ	5.0,7.5	双星	51
天琴座	天琴 ε（双双星）	5.0,5.2	双星	67
天琴座	M57（环状星云）	8.8	星云	68
天琴座	织女星	0.6	恒星	67
天琴座	天琴 ζ	4.3,5.6	双星	67
麒麟座	M50	5.9	疏散星团	31
麒麟座	NGC 2343	6.7	疏散星团	31
麒麟座	NGC 2345	7.7	疏散星团	31
蛇夫座	IC 4665	4.2	疏散星团	76
蛇夫座	M10	6.6	球状星团	77
蛇夫座	M12	6.7	球状星团	77
蛇夫座	NGC 6633	4.6	疏散星团	75
蛇夫座	蛇夫 ρ	5.0,6.8,7.3	三合星	78
猎户座	参宿四	0.5	恒星	27
猎户座	Cr 70	无	疏散星团	28
猎户座	M42（猎户星云）	4.0	星云	29
猎户座	M78	8.3	反射星云	28
猎户座	参宿三	2.4,6.9	双星	28
猎户座	NGC 1981	4.2	疏散星团	29
猎户座	斯特鲁维 747	4.8,5.7	双星	29
飞马座	M15	6.2	球状星团	105
飞马座	危宿三	2.4	恒星	105
英仙座	大陵五	2.1 ~ 3.4	变星	20
英仙座	英仙 α 星协	无	疏散星团	18
英仙座	双重星团	5.3,6.1	疏散星团	17
英仙座	M34	5.2	疏散星团	19
双鱼座	双鱼 TX	4.8 ~ 5.2	变星	104
船尾座	Cr 135	2.5	疏散星团	33
船尾座	M46	6.1	疏散星团	32
船尾座	M47	4.4	疏散星团	32
船尾座	NGC 2451	3.5	疏散星团	34
船尾座	NGC 2477	5.0	疏散星团	34
天箭座	M71	8.2	疏散星团	69

续表

星座	目标	星等	类型	页码
人马座	M8（礁湖星云）	5.0	星云	86
人马座	M17（天鹅星云）	6.0	星云	85
人马座	M18	6.9	疏散星团	85
人马座	M22	5.1	球状星团	87
人马座	M24	无	恒星云	84
人马座	M28	6.8	球状星团	87
人马座	M55	6.3	球状星团	88
天蝎座	天蝎 18	5.5	恒星	79
天蝎座	伪彗星	无	星组	83
天蝎座	M4	5.6	球状星团	81
天蝎座	M6	4.0	疏散星团	82
天蝎座	M7	3.0	疏散星团	82
天蝎座	M80	7.3	球状星团	81
天蝎座	天蝎 ν	4.4,6.5	双星	80
玉夫座	NGC 253	8.0	星系	108
玉夫座	NGC 288	8.1	球状星团	108
盾牌座	M11	5.8	疏散星团	73
巨蛇座（头）	M5	5.7	球状星团	55
巨蛇座（尾）	IC 4756	4.6	疏散星团	74
巨蛇座（尾）	M16（鹰状星云）	6.0	星云和星团	85
巨蛇座（尾）	巨蛇 θ	4.5,5.4	双星	74
金牛座	毕星团	无	疏散星团	22
金牛座	M1（蟹状星云）	8.4	超新星遗迹	24
金牛座	M45（昴星团）	无	疏散星团	21
金牛座	NGC 1647	6.4	疏散星团	23
三角座	M33	5.7	星系	103
大熊座	M81	7.8	星系	39
大熊座	M82	9.2	星系	39
大熊座	M101	8.2	星系	40
小熊座	“订婚戒”	无	星组	38
室女座	M104	8.0	星系	54
狐狸座	Cr 399（衣架星团）	无	星组	71
狐狸座	M27（哑铃星云）	7.3	星云	70

《双筒望远镜观测指南》可以帮助你轻松观测 109 个夜空天体：从发出柔和光辉的气体尘埃云到不寻常的恒星、星团和由恒星组成的巨大“城市”（星系），这些都能用双筒望远镜看到。每个目标都列在一张详细而易用的星图上，它们中的大多数即使是在有光污染的天空中也能用双筒望远镜找到。此外还有 4 张四季全天星图帮助定位每个目标。

欣赏这些夜空中的奇观并不需要昂贵的器材。事实上连经验丰富的观星者也相信，只需双筒望远镜（即使是那些放在壁橱中久不使用的）就可以超越肉眼中的星空，深入探索宇宙。如果你没有双筒望远镜，本书会告诉你应选择什么样的双筒望远镜用于观星，也提供了使用这种便携、多用途的小型望远镜时的一些观察技巧。

加里・塞罗尼克是备受称赞的加拿大天文杂志《天空新闻》（*SkyNews*）的主编。1999—2016 年，他为《天空和望远镜》杂志的《双筒望远镜精华目标》专栏撰写了 200 多篇文章，涉及许多不同种类的天体。从童年时代起他就热衷于观星，最初用的是他父亲的 7 × 35 双筒望远镜，以后使用了许多不同类型的双筒望远镜和天文望远镜探索夜空。

封面和内文季节星空图片由藤井旭拍摄。